户外环境绿化设计

[日] 增田 史男 编

[日] 增田 史男
水内真理子
大原 纪子 著

金华 译

中国建筑工业出版社

序　言

白砂伸夫（神户国际大学教授，景观设计师）

21 世纪被称为是环境的时代。这并不是简单地把关注点着眼在环境保护上，而是应以环境为主轴线来重新构建世界的范本。无论是经济还是我们的生活，都应以环境为基本前提，寻求以环境为核心、关爱地球的生活方式，这就是我们当下所生活的时代现状。

最近，有科学研究表明，地球这一星体是在孕育各种生物的过程中逐渐形成现今的地球环境。因为有了生态体系与地球环境的相互依存和制约，才使得地球这一美丽的星球熠熠生辉。

维护好这一生态系统的根系便是植物。植物为地球提供氧气，并作为生产者为动物制造蛋白质。直接影响到地区的微气候环境和地球气候环境的要素也是植物。植物不仅是地球上各种生命物质中的一员，说它维系着地球的存活也不为过。因此，我们有必要重新审视植物。把植物引入到我们的生活中，砌筑与自然共生的社会体系已成为我们现代社会的重大课题。

在街区营建及住宅设计中，虽然有以绿化和花卉为主题的设计内容，但这些只能算是蜻蜓点水般的存在，并未得到足够的重视。对于当今的环境时代而言，在街区营建及住宅设计中，绿化和花卉设计应该和居住问题占有同等重要的地位。

在这样的环境时代背景下，针对从初学者到专业人员，本书以通俗易懂的方式阐述了如何发挥植物特性去开展户外环境设计。其中关于绿化设计方法的讲解，包含了植物的基础知识、如何在街区进行有效利用等各个方面。另外，各页均配合插图和实例照片加以讲解，因此单浏览图面也能大致了解基本内容，这种构图排版方式也是本书的一大特色。尤其是在植物空间设计手法方面的阐述涉及面较广，最后还附加介绍了空间设计常用植物的具体种类。

本书可作为初学者、学生以及专业人员随身携带的必备之书。

2011 年 2 月良辰吉日

前　言

增田史男（居住与街区研究所）

平安时代出版的、日本最古老的庭院书籍《作庭记》中记载着："凡树乃人中天上之庄严也"（说起来树木是人世间没有比它再好的装饰品）。植物能舒缓人的心灵，激发出丰富的情感空间。所以，日本人才有用身心感知自然的能力。另外，如果在两种不同材料之间，搭配栽植植物的话，就能把两者合二为一。植物具有协调人与人、人与自然的超能力。

近几年，保护地球环境的关注度不断高涨，期望环境保护意识应深入到日常生活中的人们也在不断增加。户外环境中必然会利用植物，将居住行为和植物融合在一个整体空间中，这自然也就成为理所当然之事。植物通过光合作用而吸收二氧化碳吐出氧气。另有研究发现，植物茂盛的庭院可以调节家里的二氧化碳与氧气的产生量，并使其达到平衡。

户外环境设计的另一个关注点是从景观角度而言的公共性。"私地公景"的思维方式就是提倡将私人所有的居住用地作为街区景观构成要素的一部分来考虑，将着眼点关注在它会给街区的观赏者带来怎样的影响，同时又能为社区及生态体系带来怎样的贡献上。

本书从设计手法这一角度研究了植物如何在空间设计中发挥作用。同时从空间演绎角度对居住的外部空间以及街区景观中的树木和环境要素进行了分类，归纳总结了一些外部环境绿化设计的基本技法。

另外，本书也适当考虑到最近常见的住宅建筑类型，以便能随时应对城市拥挤型住宅用地的环境设计。此外，也希望本书能成为今后绿化和美化居住环境时的必备之书。

执笔期间，对于公开自宅庭院的各位住户及提供资料的相关人士表示深深的谢意。

著者代表

2011 年 2 月良辰吉日

目　录

第一章　户外环境绿化设计基础知识

第二章　绿化设计基本方法

第三章 各功能区绿化设计的基本原则

第四章 与植物相协调的材料应用

第五章　户外环境与街区绿化设计

第六章　户外环境绿化设计案例

第一章

户外环境绿化设计基础知识

神户・北野町 松柏烘托出异人馆

1.1 与周边环境相协调

了解植物现状

对环境关爱的户外环境才是人类舒心的户外空间。

环境问题是当今社会重要的课题。针对户外空间的环境问题而提出的应对提案，往往都会得到众多人士的共鸣和支持。对于一栋独栋住宅用地而言，从工程角度需考虑的因素很多，因此本节从“维护植物与生态体系”的角度阐述与周边环境相协调的设计方法。

1 了解周边植物现状的方法

从宏观角度谋求与周边环境相协调的基本方法是植物可持续性的应用。维护和保证小鸟及其他小动物们生息环境的一个重要课题就是营建一个与周围自然相融合的植被环境。

确保绿化设计与自然融为一体的先决条件是应了解周边环境中有哪些原有植物。最简单的调查方法是到环境局提供的植物调查数据网站上检索一下，就能了解到所调查地区的现有植被情况（图 1-1-1）。但也有个别地区未登录在案。

另外，可以通过栽植小鸟爱吃的植物、堆积石块或者营建生境（biotope）等生物易生存的多孔质环境来人为地创造具有生态体系基质的环境。这样，也许站在自

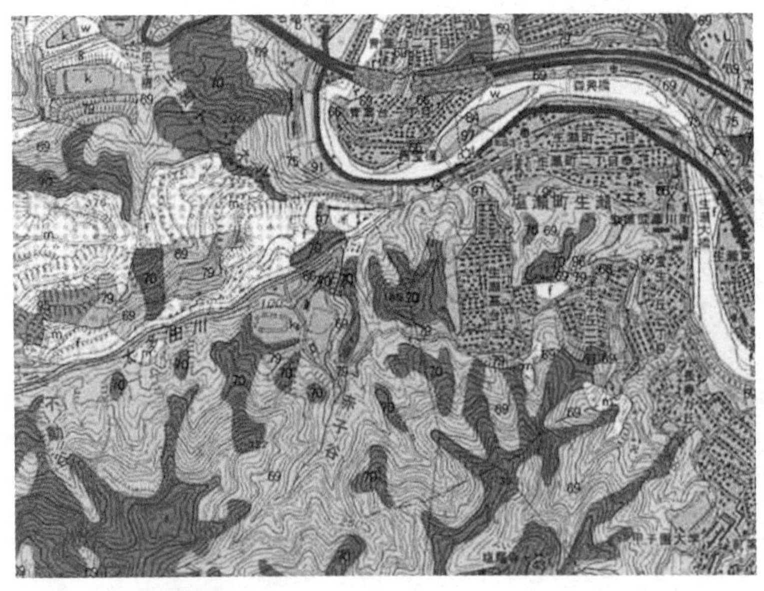

图例
66：栲树、栎次生林
69：栓皮栎、栎群丛
70：全缘冬青、杜鹃花、红松群丛

图 1-1-1　检索调查的案例
兵库具西宫市生濑地区的案例（引自环境省生物多样中心经营的〈生物多样性信息系统〉www.vegetation.jp.）

家的窗边就能听到柳莺、白眼儿鸟的鸣叫声。

原有住宅的户外环境设计，应尽可能通过修枝、剪枝或移植等方法，最大限度地有效利用用地内的原有树木。

2 近景应协调好统一与个性间的平衡

与周边环境相协调的基本策略是调查周边街道的特征及建筑外观风格，从景观整合性的角度协调好统一与个性的均衡关系。通常的方法是，与整体形象相关的色调、材质、开敞程度、基准高度等方面要保证与周边的户外环境相协调，而标识、入口雨棚、岗亭等部位可以设计得相对个性化一些。周边街区的特征应结合各自住宅用地的特点来确定总体设计方针（图 1–1–2）。

例如，有商场和工厂混杂的地区，应以简洁的设计手法表现出开敞感，可利用花钵、吊篮来增加绿意。住宅密集的市街地区，由于道路狭窄、围墙较醒目，因此，住宅用地的边界部位是设计的重点，要营造出开放式的外围景观效果。高级住宅区应以确保与绿意葱葱的街区相协调为原则，多以石材和木材等自然材料为主，尽量不采用开放式格局。位于郊外的联排住宅，其主要特征是通行量少、路面宽阔，可利用树木、花草营造成能体现季节变换的外环境空间。其他像利用自然地形建造的住宅用地，应尽可能多使用自然材料，弱化人工构筑物，以保证与周边自然环境相协调。

统一周边整体外围形象的关键是思考要选择开放式还是封闭式。是否设置院门、围墙和绿篱的高度标准，这些问题都要尽可能与周边的外围形象一致。如果外围使用的材料在品种上各不相同，那么就要尽量在材料和质感方面做到统一。

图 1–1–2 结合街区特性的户外环境设计

1.2 适宜环境的绿化设计

精确考察场地信息

选择树种最基本的条件就是要适合规划设计用地的生长环境。树木生长的5个基本要素是：①气温、②日照、③水分、④土壤、⑤通风。

1 根据气候（气温）分类栽植区域

植物有适宜各自生长的气候（气温）条件。根据气候分类，日本的栽植区域划分为如图1-2-1所示的5个地区。着手绿化设计前应确认好规划设计用地属于哪个分类。

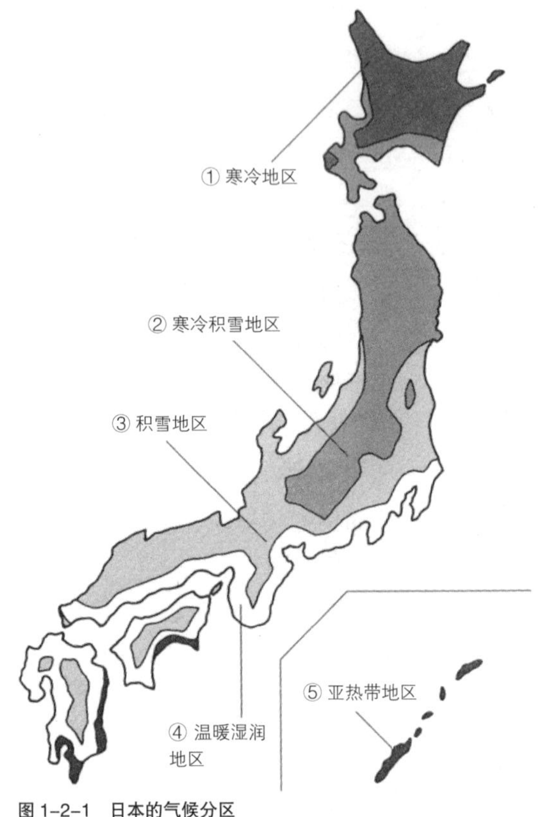

图1-2-1 日本的气候分区

植物的选择基准大致分类为：①北海道中、北部寒冷地区；②北海道南部、东北、中部山林地区的寒冷积雪地区；③北陆、山阴、北关东、东北地区南部的积雪地区；④关东以南的太平洋沿岸、濑户内海沿岸的温暖湿润地区；⑤冲绳、鹿儿岛、高知县的局部亚热带地区。

选择植物时要掌握植物的耐寒性和耐热性，以便对应其生长环境选择合适的树种。另外需注意，同一个地域如果栽植地点的高程不同，最低气温是有差别的。除气温外，还要考察栽植用地内不同地势的湿度和风向等微气候特征，必须结合场地特性选择相应的植物。

2 了解植物生长所需的日照量和方位

1）了解树木所需的日照量和方位

树木大致分为喜阳树、喜阴树和中性树。由于这些树木对日照量的需求不同，因此，需根据建设用地的日照条件交错搭配、栽植树木。

日照状况应结合一年中影子最短的夏至日和影子最长的冬至日的光影图去分析

（图 1-2-2）。建筑物的南向部位，无论是夏至日，还是冬至日都终日无阴影，可栽植喜阳植物；而南向庭院的围墙内侧部位，尽管位于南向，但属于背阴条件，住宅用地内也会有很多这种处于阴影状态的部位。掌握喜阴植物特性的基础上再去选择搭配栽植，这样就能设计出魅力十足的花园空间。

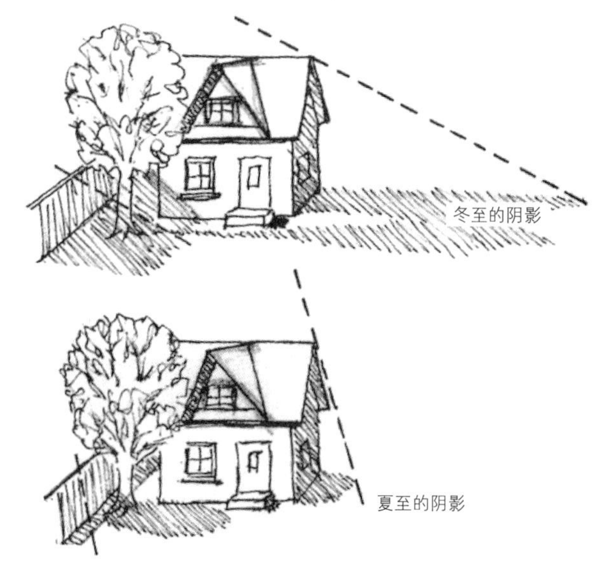

图 1-2-2　夏至与冬至的太阳光照

2）背阴花园的设计方法

背阴部分可分为稍微背阴、中度背阴和全背阴。要具体了解背阴程度和状况再选择栽植植物。如果能把阴凉所独有的氛围和感觉灵活应用到设计中，也能营造出静谧的空间。比如，树荫空间或者林间小径。

地面铺砌长满苔藓的叠石、天然石材、砂石，再精心地点缀些地被植物，就能打造出充满惬意的小景。微型庭院中，落叶、地被植物是能让背阴空间充分展现魅力的基本要素。背阴的树木及茂密的花草间会出现阴暗空间，如果在这些空间内添置上雕塑、花钵等小品，就能衬托出花草的鲜艳美丽。

3 供水设施与排水

室外树木水分供给的主要方式是雨水。但是也有一些种植穴，比如花坛、树池等的尺寸比植物所需的规定规格要小的状况。这种情况下，往往因土壤容易干燥而需及时浇水；也可以根据具体情况增设不同类型的自动灌溉装置。中庭内可栽植的区域仅有上空开敞的内天井部分，因此，植物的设计也会受到局限。如果水分太多会阻碍植物生长，尤其是洼地容易积水，这种地方如果栽植树木，根系也易腐烂。因此，为了防止植物枯萎，地面应设计出一定坡度，以防止积水留存。

设置上述这些供水设施时，必须另外安装户外供水阀和电源开关。

4 土壤（营养成分）改良方法

对于树木而言，确保其茁壮成长的土壤应具有适度的渗水性和保湿性，且要富含有机物质。通常新建住宅用地的土壤都不适合植物生长。这种用地内的土壤往往多是黏土、砂土、碎石等，不适合树木生长，需要对土壤进行改良。一般为了能支撑住树木地面以上部位，树木的根基要保证与枝叶有同幅度的根球。因此，树木周围所需改良土壤的坑穴范围就要大于树冠尺寸。这是土壤改良的基本确定标准。

应检测植物栽植区域的庭院土壤特性，以便明确是否适合栽植植物。

1）检测土壤是否适合植物生长的方法。

a. 确定渗水性和保湿性的方法

确认排水性能和状态可根据该地生长的植物类型来判断。如果苔藓、桧叶金发藓之类的植物较多，则表明排水不良。此外，也可利用雨后判断排水状况。排水好的土壤，雨后不会出现水洼，如果大雨过后水洼在半天到一天之内渗下去，也表明没有排水不良的问题。即使少量的降雨也会出现水洼，或者雨停后水洼一直保留到第二天，则表明该土壤排水不良。

对排水不畅通的庭院进行设计时，要把植物的选栽与庭院设计融为一体去解决排水问题。通常解决的办法是覆盖新土。如果整个庭院全部覆盖新土比较困难的话，则可结合庭院设计对部分土壤进行适当的替换或覆盖。较平坦的庭院有排水不良问题时，可借用堆砌山丘等方法人为地形成坡面，同时增设雨水沟将水引至排水沟中。另外，还有借用枕木做成花坛式围合，或者像岩石园那样自然风格的叠石等方法解决排水问题。

b. 土壤优劣的判断方法

①可以通过该场地内生长的植物类型来判断土壤的酸碱度。土壤中像问荆、车前草之类的杂草较多,则属于偏酸性。优质土壤内长出的杂草通常不会偏于个别种类，植物的生长也会比较均衡。

②采土样检测土质。优质土壤用方头铁铲就能轻松铲挖，附在铁铲上的土会很快滑落；用手轻轻握土，土会立即松散。劣质土壤浅层多会有很多瓦砾、石块等。挖土深度一米以内能碰到岩石和石块。石块、瓦砾较多的土壤，需把石砾铲出，如果遇到黏土层就需再深挖一些，然后混入改良剂。如果挖土的铁铲上沾满泥土，且需用力才能刮掉，把这些土轻轻握成团状后会有黏黏的感觉，那么这种不会松散的团状土壤属于排水不良的黏质土。另外，这种土壤渗水较差，会导致一些微生物的遗骸容易腐烂而散发出异味。

2）土壤（营养成分）的改良方法。

a. 黏土、砂土的改良方法

通常黏土富有保湿性和保肥性，但渗水性很差，可以掺入有机改良的腐叶土、树皮堆积肥、泥煤苔、稻壳熏灰、珍珠岩、砂石等来改善其渗水功能。砂质土壤由于渗水性过强，导致保肥能力下降，因此需频繁施肥；但由于肥料容易流失，所以植物生长缓慢。为提高渗水和保肥能力，需掺入赤玉土（产于日本的一种高通透性火山泥——译者注）、鹿沼泥（产于日本鹿泥地区火山区带，由下层火山土生成，呈火山沙形状——译者注）、黑土等土壤，再用腐烂树叶、树皮堆肥、泥煤苔等有机改良土壤充分混拌。

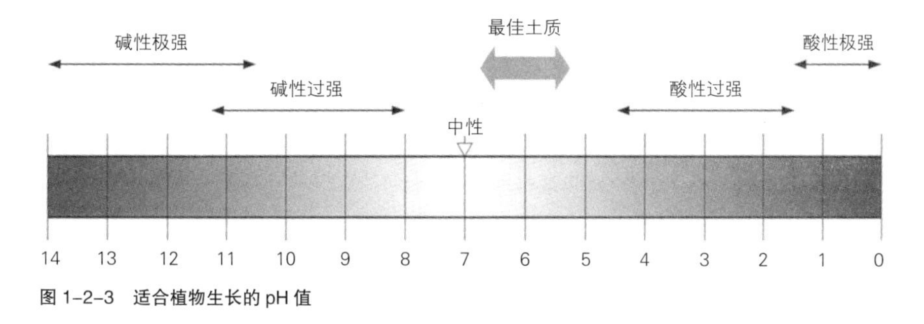

图 1-2-3 适合植物生长的 pH 值

b. 酸性土壤、碱性土壤的改良方法

土壤的酸碱度用 pH 值来表示。适合植物生长的 pH 值在 5.5~6.5 之间（图 1-2-3）。pH4~6 为酸性土，pH8~9 为碱性土。

蔷薇是喜酸性土壤的植物，所以在其附近也要栽植同样喜酸性土壤的植物。在家庭菜园中种植的蔬菜适合弱酸性土壤，如果土壤为偏碱性，可以混合施入未调整酸度的泥煤苔。日本雨量较丰富，土壤中含有的石灰经雨水冲刷后容易变成酸性，变成强酸性后会使营养成分的功效失去平衡，因此需分散播撒珍珠岩（石灰质、堆肥）来中和。

5 确保通风

建筑物密集、通风不良的环境里，树木的热量和水分都容易蒸发掉，因此，无法确保植株的顺利生长；同时也容易引发病虫害。在围墙边、建筑墙边等通风不太好的区域栽植植物时，可以在栽植区域的内侧墙体上设置豁口，或将部分墙体设计成栅栏等方法来保证通风（照片 1-2-1）。

要保证整个树木都能接受到阳光照射并通风良好，则植物的栽植不可太密集。植物密度过高，枝叶会交错在一起，空气滞留而伤害植物本身。若采用密集的栽植方法，植株就会长不出原有的优美姿态。要想保证通风良好，就要仔细斟酌不同树种的搭配组合方式。平坦的地形，要有高、中、低不同高度的树木组合搭配形成高低层次，不仅优化植物环境本身，也会使设计明朗而富有层次变化。例如，前部栽植低矮树木，其后依次渐高地搭配植物，就能做出层次明显的绿化坡度，各个品种的植物也能全部观赏得到。如果树木的栽植从各个角度看都有层次感，不仅立体效果好，也能保证通风良好。

照片 1-2-1 围墙上留出缝隙不仅可以保证通风，也削弱了单调感

1.3 吸引五官感受的户外环境

不可欠缺的个性设计与通用性设计

五官感受通常指“视、听、触、味、嗅”。对于户外环境，无论是居住者还是设计者，都应把关注点放在吸引五官的感受上，这是很重要的方法。

植物是演绎空间四季变化的理想素材。没有人不喜欢风情万千的季节变化。特别是对于居住者而言，在户外环境方案设计阶段，让设计师在酝酿功能和创意方案的同时，追加上五官感受这一感性方面的设计，则会使方案更具内涵和可操作性。五官感受中，“视”在1.4、1.5节中说明，“味”在1.8节（1 8）果树树种的选择）和3.6节中详细阐述，本章节仅从“听”、“触”、“感受香气”这几个方面进行阐述。

1 发挥声效的户外环境设计

声音景观（soundscape）是尽享舒缓音乐的设计手法。日本的庭院自古以来就有将茶室入口处的石质洗手钵的流水声作为音响装置制成风水盆（水琴）、竹筒敲石等设计方法，能给人带来凉爽的感觉。除水声外，自然风吹动树叶或草丛而发出的哗啦哗啦声，也能给炎热的夏日带来阵阵清爽气息。也有轻轻地触摸便能发出声音的植物，像麦秆菊，轻触花瓣后会发出像麦秆那样令人舒服的沙沙声。这种植物，株高在40cm左右，用于设计中会是一个非常有特色的方案。

近年来，为防止噪声对生活环境的干扰，开始出现了用植物作隔声林的使用方法。另外还有在建筑四周的散水部分放置砾石，踩踏后会发出声响以起到防盗作用的做法。

照片1-3-1是在水庭中做出小型瀑布，营造出音乐景观的设计案例。照片1-3-2

照片 1-3-1 水庭中设置的瀑布

照片 1-3-2 狮首壁式喷泉

是为了给行走的人们带来清凉感，利用水循环在沿道路一侧的门庭位置设置了壁式狮首喷泉。

2 享受触感快乐的绿化设计

触摸植物能给人以亲近感。对儿童、视觉障碍者来说，可以通过触摸植物来享受触觉带来的快感（照片 1-3-3）。但是要注意触觉也会带来其他影响（如会伤及手、脚等身体部位，会使植物受到伤害等）。

以下几种是利用手和脚来感受触觉，与植物进行互动的方法：

1）用手触摸的快感

a. 摸起来心情舒畅的植物

①兔草属（Lagurus，别名兔尾草），如别名所言，触摸像兔子尾巴一样轻飘飘的穗尾，会有种毛茸茸的感觉，十分舒服。株高大约 20cm。

②褐斑伽蓝（月兔耳、福兔耳、黑兔耳、星兔耳）类，多肉植物，有着像兔子耳朵那样的叶子和胎毛。株体挺直，株高 10~15cm。

b. 触摸后散发香味的植物

①如果敲一下碰碰香叶子的内侧，会飘出果味的清爽香气。

②琉球荚蒾（长筒荚蒾）是常绿灌木，开粉色花，敲打叶子会有芝麻的香气飘出。

c. 需小心触摸的植物

可称为自然景观瑰宝的蒲苇和芒草，叶子呈针状，尖端有刺手的危险（照片 1-3-4）。误食会有危险的植物也要尽量避免栽植在触手可及的地方。

2）用脚的触感去感受

铺装材料不同，脚感会有很大差别。石材、混凝土触感较硬，枕木等木材或者风化花岗岩土硬化铺装较软。另外，利用橡胶碎片制成的弹性铺装材料，可以减轻老年人的膝盖负担，如果儿童摔倒的话也能减轻冲击力，这是一种高效能的铺装材料。

照片 1-3-3　在步行者手可触及的高度上种植花卉

照片 1-3-4　需留意芒草等的针状叶子

3 享受香气的绿化设计

在设计中发挥香气的作用，则更能增加户外环境的魅力。植物中有很多香气四溢的品种，“香气”对人有很好的精神疗效，这从芳香疗法的流行上也能得到认证。庭院中栽植释放香气的植物，会给居住者和来访者带来不一样的心情，也能使身心得到极大的放松。孩子们在上学途中感受到的气味，是当地地域的味道，长大后就会成为难以忘怀的家乡气味。香气还能培养出对街道的亲近和眷恋感。特别是对于视觉障碍者，香气是其感受季节变化和花卉的重要因素。

1）设计要点

利用香气的设计归纳起来有如下几点：

①根据有香气植物的开花期规划栽植（参照表 1-3-1 气味日历）。

②注意同一季节香气不要重叠，否则会有不适感。

③要注意不同人对香气有各自不同的喜好。

④控制好植物的高度，使人能很自然地闻到香气。

2）依据人体尺度设计

人在庭院或园路中行走、坐下或者在露台上休憩时，人的视线和头的高度会发生变化。要结合不同状态把自然、季节、香气等因素应用到设计中。

a. 对应轮椅高度的户外环境（exterior）

图 1-3-1 是坐轮椅者在花坛享受园艺乐趣的设计案例。适合轮椅使用的外景设计必须综合规划好地面铺装的无障碍性、移动路线上轮椅的转弯空间以及水槽、园艺器具的收藏等各类事宜。另外，轮椅应能伸入到花坛下部以方便手工操作，这也是设计的关键点。照片 1-3-5 是为了让轮椅靠近后能闻到花香、享受愉悦的情趣而将花坛设计成倒圆锥体的案例。花坛高度抬高后，老年人和儿童都可以不用低下身子就能闻到花香，享受触感所带来的快乐。

图 1-3-1 抬高式花坛的效果图（享受花香的花坛）

照片 1-3-5 坐轮椅者也能享受到花香的花坛

b. 拱架和吊篮

拱架是人在廊下走过时能闻到香气的一种设施。蔷薇做成的拱架（照片 1–3–6），可随风飘来阵阵花香。

悬挂吊篮（照片 1–3–7）时，花的高度要与人的视线同高，让人既能自然地欣赏到花卉，也能就近闻到花香。不用视觉也能感受到花季的到来，这种通用型设计手法在欧洲特别受欢迎。

c. 格架

格架（照片 1–3–8）是指将格子状栅栏立在阳台或庭院的墙壁上，用于缠绕攀缘植物或悬挂吊篮。这种设施不会产生压迫感，也不会遮挡日照和通风，所以也可用于场地较狭窄的地方。

借用格架使藤本蔷薇这样的花卉沿立体生长，不仅让花的体积感增强，同时微风从格架的网格之间自由穿过，花香自然就会徐徐飘出来。

d. 景观树

有香气的大乔木可作为景观树（照片 1–3–9）使用。

例如，白玉兰是在早春时节叶子长出之前开花的落叶大乔木，能开较大的白花。紫玉兰的花香较少，而白玉兰有清爽的花香。若将紫玉兰用于行道树，能告知人们早春的到来。

照片 1–3–6　蔷薇的拱架

照片 1–3–7　吊篮

3）香气日历

表 1–3–1 列举了不同季节能散发香气的代表性植物。如果搭配组合好的话，能尽享到四季飘香的喜悦。

照片 1–3–8　金属网络的藤架

照片 1–3–9　白玉兰景观树

香气日历 表 1-3-1

香气的季节	代表性植物
春季飘香植物	春黄菊、芳香天竺葵、百里香类、香堇菜等  紫罗兰 　天竺葵
初夏～夏季飘香植物	假荆芥新风轮菜、铁线莲、大花茉莉花、德国铃兰、蔷薇、小花（双瓣）茉莉花、薰衣草类、毛叶水苏、柠檬香茅、柠檬香蜂草等  茉莉 　蔷薇  毛叶水苏 　薰衣草类
秋季飘香植物	金橘、丹桂、番红花、凤梨鼠尾草、佩兰、柠檬马鞭草等  丹桂 　金橘
冬季飘香植物	香桃木、松红梅、迷迭香等

1.4 植物的色彩搭配设计

发挥色彩功效的舒缓空间

在人的五官感知觉中，视觉占整体的87%，因此，通过视觉摄取信息是十分重要的。能为身心带来愉悦感受的户外环境，其植物的色彩搭配也占了设计中相当大的一部分。

输入到大脑的色彩信息会给身心带来多方面的影响。通过视觉欣赏花卉的色彩可以激活大脑细胞，因此，园艺对福利疗养院而言也具有很好的心理疗效。

1 色彩设计的基础知识

色彩通常用三个属性表示：即红色、蓝色等代表色彩的色相、代表明亮程度的明度、代表鲜艳程度的彩度。依照色彩的这三个属性将所有颜色通过容易理解的方式排列到一个立体空间，称为色立体。通常有孟塞尔色立体（照片1-4-1）和奥斯瓦尔德色立体等，它们有各自不同的特征。

1）色立体与色调

孟塞尔色立体是将半圆形的直边垂直放置，并以此为中心主轴，将色彩以旋转的方式排列展示。中心轴是代表明亮程度的明度轴的色彩排列，上端代表白色，下端代表黑色。横轴代表彩度。中心轴的周围分别排列的是将在2）中说明的色相。

图1-4-1所示的是从中心轴垂直剖切后，在高度（明度）和深度（彩度）的不同位置上分布的各个同色系的色彩。色彩的排列顺序是纵向越靠近上端越亮，越靠近下端越暗；横向离中心轴越远越鲜艳。这种色彩排列方式表示的是颜色的“色调”。

照片1-4-1　孟塞尔色立体模型

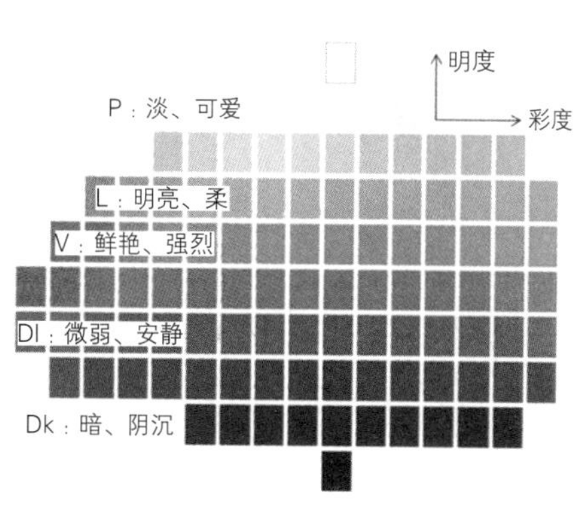

图1-4-1　明度和彩度

色调是明度和彩度的复合概念，可分为不同的区域。图1-4-1中，从上开始依次代表P(pale：淡色的、嫩色的)、L（light：明亮的、亮色的)、V（vivid：鲜艳的、强烈的)、Dl（dull：晦暗的、沉闷的)、DK（dark：暗色的、深色的）这五个区域。Pale区域为淡色，这一区域的颜色属于嫩色系。Dull区域是在原色中加入灰色后变成中性的沉稳颜色。Dark的区域颜色较朴实，这种色调也是属于格调高雅的色系。

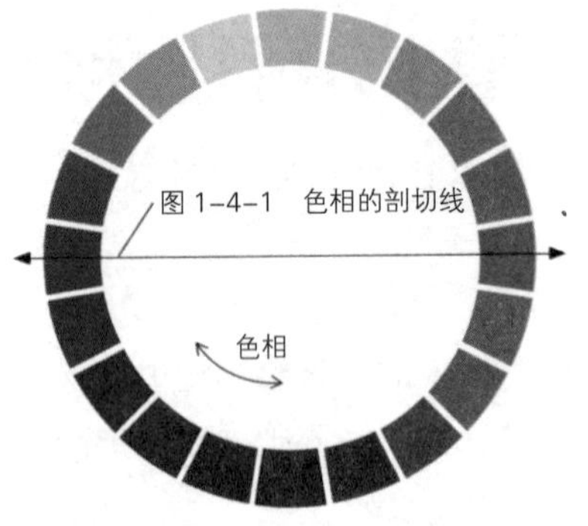

图1-4-2 色相环

2）运用色立体进行色彩调和搭配

色立体从水平面来看，可做成在不同明度位置上分布的色相圆环。这称为色相环（图1-4-2)。色彩设计是以色相环与色立体的色彩位置加以综合考虑的基础上进行色彩调和搭配。色相调和法则归纳起来有如下几个方面：

a. 无彩色调和

位于色立体中心轴上的白色—黑色的色调（无彩色）都能与色相调和。如果相邻色彩之间过于强烈而无法相互中和时，可以在中间掺入无彩色（白、灰、黑)，以达到色彩调和。

b. 同色相调和

同一色相上不同色调的色彩通过所占面积的比例变化来组合搭配达到统一。

c. 相似色相调和

通过相似的色相组合来达到调和。

d. 色调的调和

色相虽然不同但可用相同色调来调和。有用浅色调（pall色调）作统一的，也有用暗色调（dark色调）来统一的方法。

e. 互补色

色相环上，成180度对角线位置上的色相具有较强的互补特性，能给人带来活跃的感觉。但如果互补色的对比面积过少，则达不到调和效果。

f. 相似色＋互补色（二等边三角形）的调和

色相环中形成二等边三角形的三种颜色可相互调和（底边的两色为相似色调和)。但是，调和的关键是位于二等边三角的底边上的两个色彩应占较大的面积比例，才能突显出二等边三角形顶点的色彩（互补色)。

3）色彩指定

颜色的数量有无数种，大部分的建筑材料是将颜色规整后以指定的序号来标记的。户外环境中选择和使用的涂料颜色通常是利用（社）日本涂料工业协会（JPMA）提供的“涂料用标准色色样卡”作为业界的通用色卡。

2 植物色彩调和的类型

植物的色彩设计同样要遵循1中的各项说明。通常土壤、木材、石材等自然材料是任何年龄层都能接受的色彩，能营造出令人身心放松的庭院环境。可以以植物和自然材料的色彩为基调，然后再添加花卉及设施的色彩。色彩设计类型大致分为色调调和型、相似色调和型、色相调和型。

照片 1-4-2　色调调和型配色案例

1）色调调和型

同一色调的颜色，即使色相不同也能做到调和。色调调和型是力求使花和叶的色彩在色调上达到统一（照片1-4-2）。当以绿色为基调，且有多种色相存在时，可以通过调整色调来达到统一，这能让空间整体的风格显得沉稳而有品位。色彩调和型一般用于营造柔和而沉稳的景致。特别是想要表现柔和感时，可用 pall、light 色调的天然色调。用色彩调和方法来表现柔和感时，花卉可以用白色、淡紫色、粉色为主色调的浅色色调来作统一，这样，即使增加花的数量也不会留下沉重感的印象。另外，尽量不要与设施的色彩混杂在一起。但要注意，色调过高的花卉，即使只掺杂了一枝也会变为主角。

2）相似色调和型

相似色调和型是以色相环上的某一种颜色为主色，通过与相邻颜色的搭配组合来达到色彩协调的设计方法。黄色与橘色、红色与粉色的搭配是相似色调和的经典代表。

相似色调和型通常不用较浓的色调，以 pall 或浅色调为主，能营造出清爽的感觉。作为基调的绿色，多采用常绿树或彩叶草，然后白色、浅色调的花卉交错栽植，再将叶子的绿色以浓淡渐变方式来搭配，则随着四季变化就能体会到景致随季节变迁的微妙之处。

使用浓色调时，加入白色后也会弱化刺激的感觉。照片1-4-3就是以紫红和紫色这种浓色调的相似色为背景，掺入了大量白色的案例。另外，白色与青色、绿色组合搭配能产生清凉而沉静的氛围。青色是给人安静和充裕感的色彩，白色是有清洁、清爽感的色彩，这两者搭配在一起非常协调。

3）色相调和型

色相调和型是以上一页的“f、相似色＋互补色”为依据的色彩设计。以绿色为基调、花的颜色用相似色的色相来整合，偶尔也可用互补色的花卉强调一下。

色相调和型的配色方法多用在明快的紫色环境中。

照片 1-4-3 相似色调和型配色案例

照片 1-4-4 色相调和型配色案例

另外，以绿色为基准点、用其左右 90 度范围内（黄色、青紫色）的色相进行搭配组合也能达到调和。如果添加绿色的互补色（红色），则效果更显著（照片 1-4-4）。如果选择接近原色的、鲜艳色系的花卉的话，就会有很强的鲜艳感。颜色较重的花卉视觉上给人愉悦感，能酝酿出氛围明快的感觉。有跳跃感的花卉应注意协调好与整体的平衡关系搭配栽植。面积过于偏重某种花卉，会有过于强烈的印象，容易破坏整体的平衡感。适量加入红色，可给人留下充满活力的印象。

3 结合色彩选择草本花卉的方法

运用草本花卉开展户外环境设计时，要依据建筑设计、居住者的喜好等各方面因素和特点去确定色彩设计理念。应根据色彩理念协调好与整体概念的整合关系，在此基础上确定色调的搭配组合方案，然后再选定相应的草本花卉。此时，要对不同花期的景致变化及草本花卉植株的高低错落关系深思熟虑后再选定草本花卉的种类。

表 1-4-1 所示为代表各种色彩含义的草本花卉的种类。

各种色彩的含义及代表性草本花卉种类　　表 1-4-1

○白色草本花卉	
色彩含义	洁净、纯真、天真、冰冷
使用中的注意事项	在同一个环境中如果使用过多会过于单调而给人孤寂感。白色无论与什么颜色搭配都会很和谐
代表性草本花卉	株高较高的品种：山桃草、满天星、葛缕子、欧洲绣球、虎尾花、木茼蒿等
	株高较低的品种：屈曲花、飞蓬、假荆芥新风轮菜、菊花属、圣诞蔷薇、丛生福禄考、百里香类、法绒花等

菊花属　圣诞蔷薇　常青屈曲花　法绒花　木茼蒿

续表

●红色草本花卉

色彩含义	温暖、有生命力、能量、膨胀感、外向性、爱情、力量
使用中的注意事项	适用于华丽和鲜亮的景观设计中。使用过多会感到艳丽而无法安定情绪。少量点缀的效果最佳
代表性草本花卉	株高较高的品种：落新妇、欧石楠、宿根福禄考、樱桃鼠尾草、大蓟、罂粟等
	株高较低的品种：仙客来、天竺葵、珊瑚钟、瞿麦等

落新妇	欧石楠（花木类）	仙客来	宿根福禄考	石竹

●青色草本花卉

色彩含义	最冷静的颜色，青春、诚实、献身、保守主义、安抚神经
使用中的注意事项	大多数人喜欢的颜色。青色与白色或淡紫色搭配组合能给人留下清凉感的印象
代表性草本花卉	株高较高的品种：鸢尾类、绣球花、百子莲、大花飞燕草、薰衣草类等
	株高较低的品种：匍匐筋骨草、一串红、蓝雏菊、匍匐风信子、六倍利等

绣球花（花木类）	百子莲	大花飞燕草	薰衣草类	六倍利

●黄色、橙色草本花卉

色彩含义	黄色是最明朗的颜色。让心灵明亮。给人独立的观念。知性、活泼、希望、幸福、健康等，是给人带来幸福感的颜色。橙色是给人阳光、舒适、清爽、温暖等感觉的颜色
使用中的注意事项	黄色使用过多会带来不快感。橙色具有恢复元气的效果。少量使用更具吸引力
代表性草本花卉	株高较高的品种：莳萝、向日葵属、南非菊、金光菊属等
	株高较低的品种：勋章菊、非洲雏菊、旱金莲、大花三色堇、万寿菊、珍珠菜等

		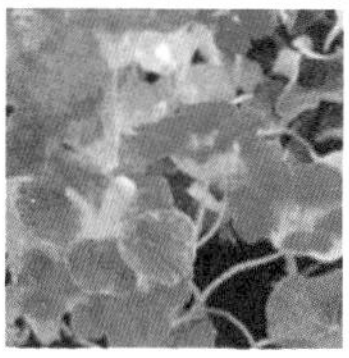		
勋章菊	非洲雏菊	旱金莲	大花三色堇	万寿菊

●绿色（观叶植物）

色彩含义	让人心静的颜色。康复、和平、安定、平静
使用中的注意事项	是吸引人的眼球以摆脱痛苦和紧张的最佳色彩。用绿色为基调搭配组合的颜色可以改变印象
代表性草本花卉	株高较高的品种：新西兰麻、毛叶水苏等
	株高较低的品种：苔草、荚果蕨、银叶菊、大吴风草、白纹沿阶草等

银叶菊	大吴风草	新西兰麻	沿阶草	毛叶水苏

注 1）株高较高的品种以高度在 50cm 以上，株高较低的品种以 50cm 以下为基准；
注 2）同一种类草本花卉通常会有多种颜色，本表列入的是其代表性颜色。

1.5 叶色的种类与变化

绿叶深浅变化的灵活运用

1 了解叶子的形态与色调

从叶子间的缝隙中投射进来的光线能为庭院弹奏出轻快的旋律。叶子有不同的色彩和形态，且叶色也会随季节发生变化。如果能熟练掌握叶色特征并用于色彩搭配组合中，则设计出来的空间会展现出各种各样的丰富表情。以深浅不同的绿色树叶为基调再配上花卉，会酝酿出令人舒缓的空间。从绿色到洋红色（红色）的各种叶色的色调分布如图 1–5–1 所示。

叶色设计主要有以下几个关键点：

①掌握各种叶色的特征（色调和季节变化）。

②理解不同叶子形态的种类（例如：心形——野芝麻；针状——华南十大功劳等）。

③可以借用叶色色调的浓淡变化来确保整个区域的协调统一。

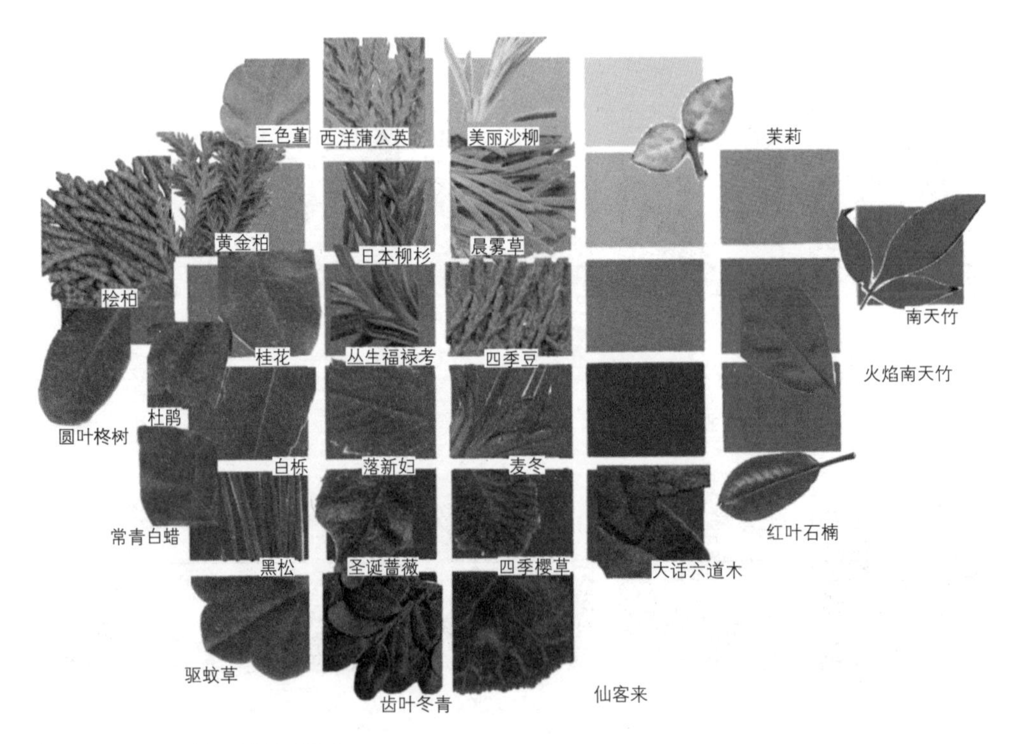

图 1–5–1　不同品种的叶子的色调变化

④在庭院深处种植叶色较浓的植物能衬托出空间的远近感。

⑤红叶或新发芽的、叶型较美的叶子与其他植物组合搭配时，会更显突出。

⑥利用植物株高的生长变化设计成有层次的立体空间。近处栽植株高较低的植物，其后逐渐提高株高依次栽植。

⑦适当增加观叶的彩叶植物能突出重点。

2 园艺中不可或缺的彩叶植物

“彩叶植物”是有斑纹的银色叶、黄色叶、青色叶、金色叶等多彩植物的总称。因其维护较少而倍受青睐。

彩叶从草类到树木，有多种多样的色彩和形态，它在庭园设计中是个不可或缺的元素。随着季节不同，它拥有比花卉更美丽的各色表情，相应的品种也十分丰富。

常用的彩叶植物有如下几种：

①绿色系（照片 1-5-1）：玉簪、欧活血丹、银香菊、大吴风草、野芝麻、迷迭香等。

照片 1-5-1　绿色系叶色
大吴风草（左）、迷迭香（右）

照片 1-5-2　青色系叶色
反曲景天（左）、铺地柏（右）

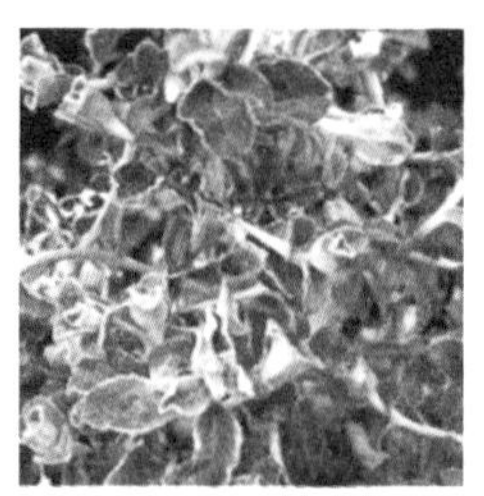

照片 1-5-3　银色系叶色
雪叶菊（雪叶莲、左）、蜡菊（右）

照片 1-5-4　黄色系叶色
黄金菖蒲（有斑石菖蒲、左）、有斑桃叶珊瑚（右）

照片 1-5-5　棕色系叶色
帚石楠（左）、朱蕉（右）

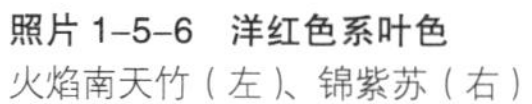

照片 1-5-6　洋红色系叶色
火焰南天竹（左）、锦紫苏（右）

②青色系（照片 1–5–2）：芸香、反曲景天、卷耳草、偃柏、蓝羊茅、蓝少女冬青等。

③银色系（照片 1–5–3）：线叶艾、银叶菊（银香菊）、意大利蜡菊、毛叶水苏等。

④黄色系（照片 1–5–4）：金叶菖蒲（花斑石菖蒲）、蕨类植物、花斑珊瑚木、花斑柠檬香蜂草等。

⑤棕色系（照片 1–5–5）：匍匐筋骨草、帚石楠、朱蕉、紫叶鼠尾草、蛤蟆秋海棠等。

⑥洋红色系（照片 1–5–6）：火焰南天竹、鞘蕊花属、新西兰麻属、紫竹梅等。

3 以彩叶植物为主的花坛设计案例

照片 1–5–7 是面向道路南侧的花境园（border garden）。陈旧的混凝土砌块围墙被薜荔覆盖，高大乔木的阴影变成了植物的背景。在其前大约 60cm 左右宽度的红线退后区域内，用常绿多年生大戟属植物和开花期较长、叶色青绿的狗舌草来作色彩点缀，搭配组合上叶片厚实的灰绿色毛叶水苏等植物，营造出了浓淡相宜的绿色空间。横向延展开来的卷耳草的白色小花在阳光的照耀下熠熠生辉，株高较高的多年生草本植物矢车菊的桃粉色、细长直立的柳穿鱼草、初夏盛开的洋甘菊等花卉都在绿意环抱中亭亭玉立。

照片 1–5–8 是在南向庭院的围墙内侧建造的花坛。根据围墙的类型，南向庭院的围墙内侧会有遮挡日照或日照不良的空间。这种空间应以赏叶植物为主。地被植物的野芝麻属于唇形科植物，叶色呈银白色十分美丽。与地面相接的金钱草茎节上一个接一个地长出根系，覆盖了地砖的纹理。玉簪是彩叶植物的代表，美丽的宽大叶面衬托出它的存在感。明亮金色系中的叶色有华丽斑点的斑纹羊草芹，与深绿色的圣诞玫瑰形成对比，层次分明、惹人注目。

照片 1–5–7　朝南的花境园

照片 1–5–8　南向庭院围墙内侧的花坛

1.6 草本植物的选择方法

结合花期、株高、色彩的搭配组合设计

过去草本花卉类植物都是居住者根据自己的喜好来栽植。而最近，为了能让户外整体元素协调统一，同时还能将季节表相与形象完美结合，户外环境设计者们开始将草本花卉也纳入到了设计和施工中。户外环境不单依靠花的色彩和美丽，还要结合覆盖地面的地被植物的多姿多彩的样态才能使景色变得更加赏心悦目（关于地被类植物的详细阐述见 1.9 节）。

另外，也要注意植物的特性以及居住者可管理程度等诸项事宜。

1 分类与特征

1）园艺植物的分类

从栽植空间或使用者（管理、周期等）角度来看，多种多样的草本花卉类植物大致分为以下两种：①栽植一次后，几年内都无需再栽植、只需维护管理的多年生草本宿根类；②根据季节播种种苗、种子或球根的草本类（一年生草本）。户外环境通常需要考虑维护管理问题，分类①中的草本花卉使用居多，因此本章主要阐述多年生草本及宿根植物（照片 1–6–1）。

2）多年生草本植物的特点

多年生草本植物在当年栽植后，无需每年每个季节替换栽植，也不需要每隔 5–6 年进行分株。植株每年都会增长繁殖，因此要充分发挥草本花卉的这种优良特性，展现出其扩散蔓延的姿态。但要注意，如果维护管理不及时，植株就会分枝扩散而影响周边植物的生长，甚至会到无法收拾的程度。另外，由于其根系的生长比较稳固，还会侵蚀周边软弱无力的植物，最终使其慢慢枯萎。

多年生草本植物也分全年常绿的常绿类和在一段时期地上部分会枯萎的落叶类。花坛内的栽植要考虑到无花季节时的景观。冬季地上部分枯萎后景色会变得凄凉，所以冬季的设计应以欣赏常绿植物的叶色为主。

照片 1–6–1　以多年生草本植物为主的庭院

2 选择草本花卉类植物的注意事项

选择草本花卉类植物时必须注意管理者的管理能力。如果面积过大导致管理不到位，初期再美丽的景色也会慢慢变得杂乱无章，这要引起充分注意。选择时的注意事项有如下几方面：

①了解花期及花卉的开放方式。

②掌握栽植草本花卉的场地环境特征，特别是日照条件，日照较少的场地需选择耐阴品种。其他还要在考虑排水、土壤的酸碱度（pH）、土壤肥沃程度、通风等各项条件的基础上，有针对性地选择相应植物。

③确认花色及搭配组合方式。

④规划设计要结合株高和花草的姿态。了解植物的高度和枝叶伸展状态（例如莨菪的株高在2m，其伸展开来的枝叶也有2m，而蜀葵也比人的身高要高）。

⑤确认是选择常绿类还是落叶类植物（有匍匐筋骨草、大吴风草等全年常绿不落叶的植株，也有像玉簪这样地上部分枯萎后冬眠的植物）。

⑥了解草本植物原产地及气候特征。培育植物时，了解植物在原产地及自然生长地区的特征，这有助于分析该植物在何种环境下能更好地栽植和生长。

1）根据花期选择

了解何时何种花卉开多长时间，这一点十分重要。结合花期与开花方式搭配栽植植物，能让庭院的游赏方式千变万化。

a. 常绿类的花期

在门柱底部、拱架周边、停车位内车轮碾压不到的部位以及花坛等户外环境场所，可将常绿类草本花卉与矮木（灌木）、地被植物等组合搭配栽植。常绿类花卉与混凝土、石材等硬质材料有很好的互补性。

常绿类草本花卉的花期如下：

①春天：海石竹、虾脊兰、丛生福禄考（照片1-6-2）、香堇菜、木茼蒿（照片1-6-3）等。

②春～夏：鸢尾类（照片1-6-4）、大滨菊、非洲雏菊（照片1-6-5）、瞿麦、蓝雏菊（照片1-6-6，秋季也开花）、松叶菊、薰衣草类（照片1-6-7，秋季也开花）、野芝麻（照片1-6-8）等。

③春～秋：宿根瞿麦、天竺葵（照片1-6-9）、雁河菊等。

照片1-6-2 丛生福禄考

照片1-6-3 木茼蒿

照片1-6-4 鸢尾类

照片1-6-5 非洲雏菊

④初夏：匍匐筋骨草（照片 1–6–10）、银叶菊（照片 1–6–11）、日本裸菀等。

⑤夏：百子莲（照片 1–6–12）、莨菪、宿根福禄考等。

⑥夏～秋：宿根马鞭草、繁星花等。

⑦秋：蓝雏菊、薰衣草类等。

⑧秋～春：南非菊（照片 1–6–13）等。

⑨冬～春：圣诞蔷薇（照片 1–6–14）、大吴风草（照片 1–6–15）、短柄岩白菜等。

b. 落叶类的花期

冬季露出地面的部分会枯萎，根茎呈冬眠状态，到第二年春天再发芽的多年生草本植物称为宿根花卉。户外环境中在栽植地被类、常绿类植物的基础上，如果适度搭配这类落叶类草本植物的话，就能完美地展现出季节感。落叶类草本植物的花期如下所示：

①春：侧金盏花等。

②春～夏：鸢尾类、风铃草等。

③初夏：白芨（照片 1–6–16）、德国铃兰（照片 1–6–17）等。

④春～秋：鼠尾草属类（照片 1–6–18）等。

⑤夏：落新妇（照片 1–6–19）、玉簪、槭叶蚊子草、蜀葵、婆婆纳（兔儿尾）、千屈菜等。

⑥夏～初秋：蓍草（欧蓍草）、秋海棠、姜花等。

⑦夏～秋：桔梗（照片 1–6–20）、虎尾花（照片 1–6–21）、萱草、美国薄荷等。

⑧秋：秋牡丹、小杜鹃（照片 1–6–22）等。

照片 1–6–6　蓝雏菊

照片 1–6–7　薰衣草类

照片 1–6–8　野芝麻

照片 1–6–9　天竺葵

照片 1–6–10　匍匐筋骨草

照片 1–6–11　银叶菊

照片 1–6–12　百子莲

照片 1–6–13　南非菊

c. 球根类的花期（多年开花植物）

球根类中，像水仙（照片 1–6–23）或者葱兰属（葱兰）这样的植株可以在栽植后年年开花，栽植和运用方法与多年草本植物相同。球根类植物除了与多年生草本植物一样栽植在花坛内外，也可替代矮木（灌木）与树木类植物搭配组合，还能起到稳固根系的作用。

球根类植物较健壮易成活，属于省时省力的草本花卉，但冬季会有休眠期，地上部分的茎和叶枯萎后仅靠球根存活，这一点与落叶类多年生草本花卉相似。也有像水仙、石蒜属这类夏季休眠、冬季长出茂密绿叶的植株，如果搭配组合好的话，冬季也能搭配出不裸露地面的户外环境。球根类的花期如下：

①春：荷兰番红花、郁金香（照片 1–6–24）、香雪兰、匍匐风信子（照片 1–6–25）等。

②春～初夏：红金梅草（照片 1–6–26）等。

③春～夏：酢浆草属（照片 1–6–27，秋～春也开花）等。

④夏：百合（照片 1–6–28）等。

⑤夏～秋：美人蕉（照片 1–6–29）、唐菖蒲属、葱兰属、娜丽花、石蒜属等。

⑥秋～春：酢浆草属、水仙等。

⑦冬～春：雪莲花等。

2）根据栽植场地的日照条件选择

选择草本花卉时，必须考虑栽植场地的日照条件。首当其冲是因建筑物、构筑物的遮挡带来的影响；其次是树木类的树荫也会使其生长条件发生很大变化。大多种类的植物都喜欢日照，但也有喜欢在阴凉处生长的植物，这类植物如果日照过强

照片 1–6–14　圣诞蔷薇

照片 1–6–15　大吴风草

照片 1–6–16　白芨

照片 1–6–17　德国铃兰

照片 1–6–18　鼠尾草类

照片 1–6–19　落新妇

照片 1–6–20　桔梗

照片 1–6–21　虎尾花

枝叶就会被灼烧。另外，喜阳花卉中也有能在半阴面生长的情形，因为植物会适应环境条件去生长。但是如果光线不足植物会停止生长或不易附着花蕾。

a. 喜阳植物品种

具有代表性的喜阳植物分常绿类、落叶类、球根类，具体如下：

①常绿类：鸢尾类、海石竹、丛生福禄考、大滨菊、银叶菊、天竺葵、蓝雏菊、繁星花、木茼蒿、南非菊、非洲雏菊、薰衣草类等。

②落叶类：鸢尾类、蓍草、风铃草、桔梗、鼠尾草属类、东北堇菜、蜀葵、萱草、婆婆纳、千屈菜、美国薄荷等。

③球根类：红金梅草、酢浆草属、美人蕉、荷兰番红花、水仙、雪莲花、香雪兰、匍匐风信子、石蒜属等。

b. 半喜阳植物品种

具有代表性的半喜阳植物品种按常绿类、落叶类、球根类分类如下：

①常绿类：莨菪、匍匐筋骨草、圣诞蔷薇、宿根福禄考、松虫草、日本裸菀、野芝麻等。

②落叶类：落新妇、风铃草、槭叶蚊子草、玉簪、秋牡丹、白芨、姜花、德国铃兰、虎尾花、小杜鹃等。

③球根类：葱兰属、娜丽花、花韭、百合等。

c. 耐阴植物品种

耐阴植物品种分常绿类、落叶类、球根类，具体如下：

①常绿类：虾脊兰、吉祥草、疏叶卷柏、蝴蝶花、大吴风草、短柄岩白菜、富贵草、阔叶山麦冬、两面羊齿等。

照片 1-6-22　小杜鹃

照片 1-6-23　水仙

照片 1-6-24　郁金香

照片 1-6-25　匍匐风信子

照片 1-6-26　红金梅草

照片 1-6-27　酢浆草

照片 1-6-28　百合

照片 1-6-29　美人蕉

②落叶类：粗茎鳞毛蕨、荚果蕨、秋海棠等。

③球根类：秋水仙、雪莲花等。

3）选择花色

花卉盛开时节的色彩令人赏心悦目。草本花卉在大多数情况下是多品种搭配栽植的。同期盛开时，随着花色的各种搭配组合，能变换出或放松、或跃动的空间。但无论是哪种空间，花色都不宜过多，同色花系的搭配组合配以绿色植物为背景，这样才能设计出和谐统一的花坛。

3 选择香草类植物的注意事项

香草类植物能释放出令人愉悦的芳香气味，对人的身心有各种功效。罗勒可用于意大利烹饪中，薰衣草类和茴香常作为插花使用。香叶茶中较受欢迎的是柠檬马鞭草和薄荷。香草类植物除了可在花坛内与其他类草本花卉混合穿插栽植以外，也可做成单以香草类植物为主题的香草园。香草类分为低木、多年生草本和一二年生草本。

1）低木、多年生草本植物

匍匐筋骨草、牛至（照片1–6–30）、意大利蜡菊（照片1–6–31）、鼠尾草类、麝香草类（照片1–6–32）、虾夷葱、牛膝草、西洋蓍草、薰衣草类、毛叶水苏、柠檬马鞭草、迷迭香等。

2）一二年生草本植物

欧洲茴香、意大利香芹（照片1–6–33）、独行菜、葛缕子、芫荽、矢车菊、红花、香薄荷、旱芹、车窝草、黑种草、欧芹、樱桃萝卜等。

照片1–6–30　牛至

照片1–6–31　意大利蜡菊

照片1–6–32　麝香草类

照片1–6–33　意大利香芹

1.7 栽植绿篱 / 树篱

营造有季节感的街景

随着时间的流逝，绿篱在不断长高长大充实着景观，同时也为住宅的边缘地带平添出不少魅力和生机。绿篱应结合整体景观效果来搭配种植，这样在表现季节感的同时还能营造出富有地域特色和居住者个性的景色。绿篱长大后也能作为庭院的背景，再栽植几株有特点的庭院树木，在某种程度上能起到协调庭院整体效果的作用。

绿篱能为人类提供生存所需的氧气、吸收 CO_2、降噪、确保私密和适当的通风；同时还能传达出季节的花香与风情。另外，由于它抗震性能优越，有些市县乡村会以基金资助的方式推荐栽植绿篱。

1 绿篱的选择方法

用作绿篱的庭院树木必须具备枝叶优美、耐修剪、再生力强、下枝不易枯萎等条件，并根据其使用目的来选择。与道路或邻居相接而需确保私密的边界区域，不至于产生压迫感的绿篱高度宜控制在 1~2m 之间。按常绿针叶树和阔叶树、落叶树归类整理的绿篱树木有如下品种：

①常绿针叶树：东北红豆杉、罗汉松（照片 1–7–1）、龙柏、日本榧树、矮紫杉、侧柏、日本花柏等。

②常绿阔叶树：桃叶珊瑚、大花六道木、钝齿冬青、乌冈栎、丹桂、茶梅、皋月杜鹃（照片 1–7–2）、银姬小蜡、山茶花类、南天竹、金森女贞、六月雪、齿叶木樨、柃木、大叶黄杨、厚皮香、红叶石楠等。

③落叶树：溲疏类、枸橘、麻叶绣线菊、日本吊钟、卫矛、少花蜡瓣花、木槿、棣棠花等。

照片 1–7–1　罗汉松绿篱

照片 1–7–2　皋月杜鹃绿篱

另外，也有些高度在 3~5m 的高大绿篱迎着风向栽植以作为防火、防风使用。具体分类如下：

①常绿针叶树：日本柳杉、日本扁柏、罗汉松等。

②常绿阔叶树：尖叶青冈、日本珊瑚树、锥树、小叶青冈、日本石柯、全缘冬青等。

低矮绿篱用于庭院空间的划分，宽度约 30cm 左右，常用树种如下：

①常绿针叶树：圆柏、矮紫杉等。

②常绿阔叶树：瑞香、茶树、六月雪、窄叶火棘、龟甲冬青等。

③落叶树：日本吊钟、贴梗海棠等。

2 设计的注意事项

1）绿篱主干部位的设计

随着年度的增长，绿篱的主干部位之间的缝隙会加大，因此需在主干部位补种低矮植物，这样也能给街道带来立体空间感。能体现绿篱空间最佳展示效果的方法是绿篱与低矮乔木搭配栽植，或者绿篱与草本花卉以 2 层或 3 层的层次关系搭配栽植。道路与居住用地之间有高差时，可在挡土墙顶端栽植丛生福禄考等下垂型植物来遮挡挡土墙，同时在绿篱的主干部位种上低矮乔木（图 1−7−1、照片 1−7−3）。如果高差较小时，也可采用沿道路一侧栽植低矮灌木，并在绿篱的主干部位栽植草本花卉（图 1−7−2、照片 1−7−4）的方法。在绿篱尚未长到预期高度时，如担心防盗等安全问题的话，可结合使用木栅栏、网格护栏（照片 1−7−5）。

2）绿篱为常绿树种的设计

建议矮木（灌木）以落叶树为主并配以草本花卉。绿篱使用针叶树种时，矮木（灌

图 1-7-1 沿道路一侧的 3 层种植有高差的情形

图 1-7-2 沿道路一侧的 3 层种植高差较小的情形

照片 1-7-3 与道路有落差的绿篱

照片 1-7-4 根部种植四季花草

照片 1-7-5 与木栅栏并用增加层次感

照片 1-7-6 与松柏类搭配营造韵律感

木）以阔叶树为主并搭配栽植草本花卉。绿篱的主干部位以 3 层阶梯式的层次关系栽植花灌木、草本花卉、彩叶植物、地被类等植物，以保证全年观赏效果，同时也会酝生出有空间纵深感的街道景观（照片 1−7−6）。

也可考虑在绿篱的主干部位栽植四季的草本花卉、香叶植物等，使其成为居住者可参与互动的菜园式花坛。

3）树种搭配组合式绿篱

绿篱不必拘泥于单一的树种，可利用多品种树木的组合展现原生态的山村景象，形成能刺激五官感受的植栽空间。特别是有挡土墙时，要注意人的视线高度，可搭配栽植一些能与视觉和嗅觉产生共鸣的灌木和草本花卉。

4）根据日照条件选择树种

北侧阳光完全无法照到的地方，可选择如下常绿树种：青冈栎、东北红豆杉、钝齿冬青、罗汉松、小叶青冈、金森女贞等。

5）可欣赏花及叶色的绿篱

以赏花观叶为主的绿篱植物有：野蔷薇、锦绣杜鹃、山茶花、红叶石楠等。

6）绿篱的收口处理

绿篱的端头，要么从道路一侧向居住用地内缩进 1m 以上，要么栽植比绿篱高的树木。绿篱之间有间断的部分应栽植较高的树木，以确保绿篱的连贯性（图 1−7−3、照片 1−7−7）。如果能从绿篱的间隙中看到构筑物，则植物不是以线型而是以点状被认知，会失去空间的立体感。

3 绿篱的维护管理

绿篱中使用常绿树木居多，因此，建议每年初夏（5~6 月）要修剪一次，如果伸展出来的枝干过多，且看起来有参差不齐的感觉时，可夏季（7~8 月左右）修剪第二次，但树种不同，修剪时期会有差别。修剪的要领是用专用修剪剪刀和水平墨线仪沿直线修剪。越靠近绿篱的顶部，枝叶的生长就越茂盛，因此，要想保证外形规整，可以修剪成上收下放的形式（图 1−7−4）。另外，要适度施肥以保证绿篱茁壮成长。

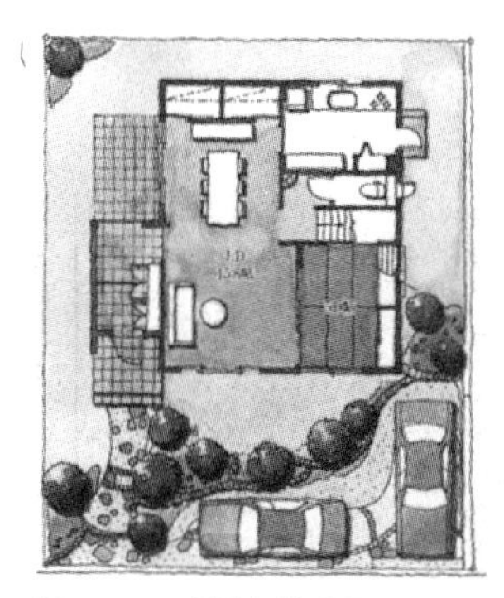

图 1−7−3　绿篱保持连贯

照片 1−7−7　绿篱的端头种植高于绿篱的树木确保绿化景观的连续

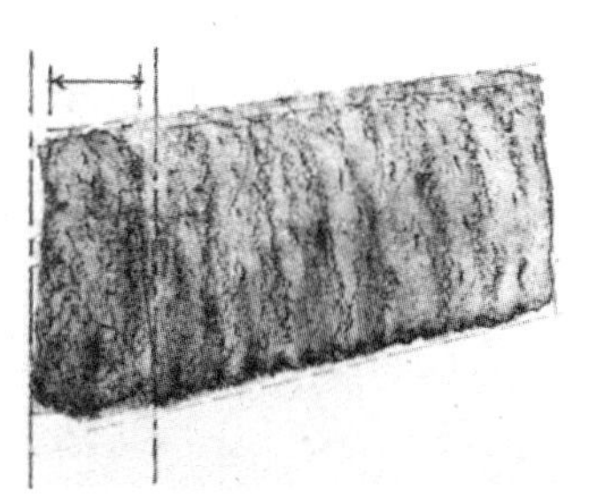

图 1−7−4　上收下放

1.8 树木的选择方法①

功能与审美的完美结合

植物中，高度超过 3m 以上的树木称为大乔木，1~3m 的树木为中乔木，不到 1m 的为矮木（灌木）（这是基准数据，因用途及与其他树木间的平衡关系会有变化）。值得注意的是，设计中往往只留意栽植时期的整体形象，而忽略了 10~20 年后树木不断成长的状态。通常在城市中心地区 200m^2 左右的居住用地内，以中乔木、矮木（灌木）为主，选择树种就不会出现不协调的感觉。选择过程中，要确认植栽的整体构思和意象，结合住宅及庭院风格之间平衡关系、并根据场地的栽植条件，再确定是选择阔叶树还是针叶树，阔叶树中是选择常绿树还是落叶树等。在此基础上，综合树形、树高、叶形、叶色等因素确定具体树种。树木还有“表”和“里”之说。“表”是指树木可接收到太阳光照射且枝干伸展、枝叶茂盛的一侧，其相反一侧则为“里”。因此，栽植时要注意将“表”展现在人们面前。从野外田地移植到所需栽植的场地时，要按照和育苗田同样的生长方位来定植，才会有利于根系生长。偶尔也可以栽植一棵孤植树木作为景观树使用，但通常情况下绿化设计应大中乔木与矮木（灌木）搭配组合，且最好以常绿树木（针叶、阔叶）、落叶树木、地被类、草本花卉等各种植物搭配组合。

1 选择树种时的注意事项

1）树木的功能与效果相结合

树木具有夏天遮挡日晒、形成绿荫、造景的作用，也有防风、防雪、防火、降噪等保护生活环境的功效（照片 1–8–1）。另外，从景观角度来看，还有遮蔽挡土墙、软化视觉的效果。最近，从保护环境角度出发，也开始重视微气候的灵活应用以及

照片 1–8–1　在出云平野看到的防风 / 防雪林

照片 1–8–2　让挡土墙不显醒目的高大乔木

维护生态系统等问题。

2）确认栽植场地的适应条件

最基本的条件就是与地域环境的景观协调统一。在此基础上，要考虑用地环境对邻接用地的影响，特别是植物对邻居的影响，以及树木与住宅之间预留出树木的生长空间等问题。与道路及邻接地相交的交界区域，不仅要考虑从窗户向外看的视线范围，还要考虑道路一侧的景观，确认主要的观赏视点，并做到与周边环境协调统一（照片 1–8–2）。

另外，植栽的选择要注意植物本身对所属气候分区的适应性。

3）运用树木营造空间景观

选择植物时不仅要掌握不同植物的特性，并且要做到与建筑和环境相协调，更重要的是要满足功能和审美需求来组合搭配。树木的视觉审美鉴赏有树干美、枝条美、叶色美、根茎伸展美。另外，树木的色彩还包括树冠色彩、枝干色彩、新芽叶色、红叶、花色、果实色彩的美，还有芳香、原生态美等。设计的关键在于，有效地发挥树木的这些美的特性来进行完美的搭配组合。

a. 丛植与孤植的选择

孤植指 1 棵树单独栽植，通常选用从各个角度观看树形都很完美的树木。丛植可以让平缓的住宅庭院有天然杂木林的感觉，大多数树形良好的树木都有体量感，因此，要顺着枝干方向穿插栽植才能展现出美丽的姿态。杂木单独栽植时，应把能体现树木本身特征的、枝干伸展较好的一面展现出来。结合冬季景观效果，落叶树应选择枝小形美的树种（照片 1–8–3）。丛植中主要使用的树种有：大柄冬青、鹅耳枥、安息香、麻栎、桴栎、常青白蜡（照片 1–8–4）、小叶红山紫茎、枫树类、四照花、华东山柳等；孤植中主要使用的树木中，常绿针叶树有：罗汉松、黑松、松柏类等；常绿阔叶树有：橄榄（照片 1–8–5）、月桂树、具柄冬青、厚皮香等；落叶树有梅花、日本辛夷、樱花类、大花山茱萸等。

照片 1–8–3　落叶树的冬季景观

照片 1–8–4　常青白蜡的丛植

照片 1–8–5　橄榄树的孤植

b. 造型树木与天然杂树

树木如果不经过人工修剪，会按照树木的原始树形自然生长（照片 1–8–6），这种叫自然树形。而经过人工修剪的称为人工树形（造型树），松树、罗汉松属等植物属于日本庭园的传统造型树。也有像火棘之类的从欧美国家引进来的品种，绿篱也可算是人工树形的一种。还有把树木修剪成门柱形（照片 1–8–7），作为装饰品修剪成动物（照片 1–8–8）、椅子（照片 1–8–9）等的造型树。常绿树的自然树形可作为庭院的主干树木。而落叶树可将枝干形态作为造景元素来使用。

4）常绿树和落叶树的选择（根据鉴赏期的选择）

常绿树木可沿着用地边界栽植成景观树，或者作为背景遮挡邻接用地的视线。落叶树中多数都有美丽的花色，因此，可以用常绿树木作背景，把落叶树栽植于中庭及近景中，并以花和红叶表现出四季变化。

各个季节开花（红叶）的树木如下：

①春季开花树木：马醉木、迎春花、乌心石、山茱萸、白玉兰等。

②夏季开花树木：大花六道木、金丝梅、紫薇、单籽金丝桃、木芙蓉等。

③秋季红叶树木：鸡爪槭、连香树、荚蒾（果）、日本吊钟、日本七叶树、卫矛等。

④冬季开花树木：梅花、茶梅、瑞香、山茶花类、金缕梅、蜡梅等。

照片 1–8–6　小叶青冈的自然树形

照片 1–8–7　作为门柱使用的造型树

照片 1–8–8　在门庭处设置的 4 棵鸽子造型树

照片 1–8–9　椅子造型的龟甲冬青

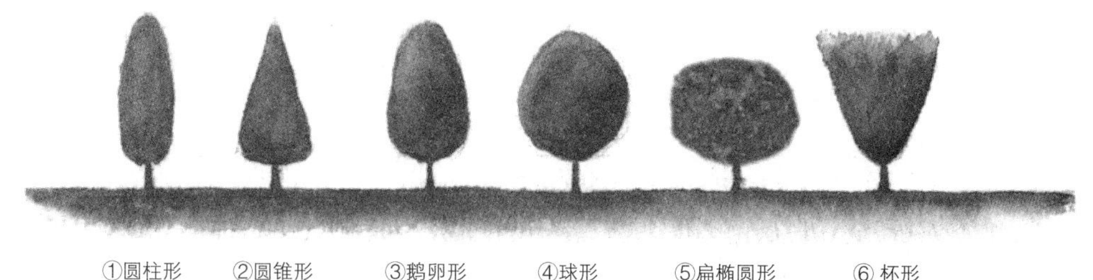

图 1-8-1 各种树形

能闻到花香的树木中，常绿树的代表植物有乌心石、丹桂、栀子花、茶梅、瑞香、山茶花类等。

落叶树有梅花、大叶钓樟、日本辛夷、白玉兰、欧丁香等。

5）树形的选择

从象征性角度选择树木时，要掌握树形特征。通常，常绿树以枝叶茂盛的树冠轮廓、落叶树则以枝叶的线条作为树形美观与否的标准。以形态来分类有如下种类(图1-8-1)：

①圆柱形树木：龙柏、松柏类等。

②圆锥形树木：日本金松、松柏类、日本花柏、日本柳杉、日本扁柏等。

③鹅卵形树木：三角枫等、

④球形树木：国槐、南京椴、日本石柯等。

⑤扁椭圆形树木：紫薇、锥树、枫树类等。

⑥杯形树木：榔榆、榉树、华东椴、山樱等。

6）结合栽植场地的选择

门庭树木与庭院树木的树种选择原则各不相同。门庭树木要考虑与街道及建筑物之间的协调（照片 1-8-10），而庭院树木则是将中乔木、矮木（灌木）等作为庭院树和庭院景观的一部分来选择最佳树种（照片 1-8-11）。适合各种不同场地的树种分类如下：

①欧式住宅的景观树

(常绿树)：橄榄、丹桂、常青白蜡、具柄冬青等。

(落叶树)：安息香、连香树、小叶红山紫茎、大花山茱萸、枫树类、四照花等。

②日式住宅的景观树：赤松、东北红豆杉、钝齿冬青、铁冬青、黑松等。

③门庭树木：桃叶珊瑚、绣球花、大花六道木、矮紫杉、映山红类、华南十大功劳等。

④用于中庭的树木：桃叶珊瑚、绣球花、树参、竹子类、映山红类、南天竹、八角金盘等。

⑤与日式风格相配的庭院树木：梅花、麻叶绣线菊、山茱萸、山茶花类、西南卫矛、枫树类等。

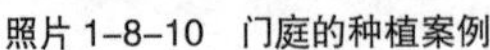

照片 1-8-10　门庭的种植案例　　照片 1-8-11　庭院的种植案例

⑥与草坪庭院相配的树木：大花六道木、龙柏、矮紫杉、皋月杜鹃类、窄叶火棘等。

⑦适合水边的植物：绣球花、大花六道木、矮紫杉、垂柳、偃柏等。

⑧适合堆石的树木：瓜子黄杨、栀子花、杜鹃类、草珊瑚、偃柏、腊梅等。

7）耐（喜）阴树木

一般树木都需要日照。喜欢日照的树木称为喜阳树，不太需要日照的树木称为耐（喜）阴树。介于两者之间特性的树木称为中性树。应结合各自的特性在相适应的场地中栽植。

住宅用地内北向道路的入口及前庭、中庭等区域虽然是背阴区域，但多数情况下仍需要栽植植物。具有代表性的耐阴植物如下：

①常绿针叶树（高木）：罗汉松、日本榧树、欧洲云杉等。

②常绿针叶树（中木）：东北红豆杉、日本花柏、云片柏、北美香柏等。

③常绿针叶树（低木）：矮紫杉等。

④常绿阔叶树（高木）：具柄冬青、全缘冬青、厚皮香等。

⑤常绿阔叶树（中木）：树参、茶梅、日本珊瑚树、金森女贞、齿叶木樨、山茶花等。

⑥常绿阔叶树（低木）：桃叶珊瑚、马醉木、栀子花、杜鹃花、厚叶石斑木、海桐、南天竹、华南十大功劳、柃木、朱砂根等。

⑦落叶树（高木）：鸡爪槭等枫树类。

8）果树树种的选择

在庭院内能有收获的喜悦是最大的快乐。但是，果实大多也会被野鸟或乌鸦吃掉，所以也不要期待收获量。果树的选择也应综合考虑景观的整体平衡去搭配。果树种类大致有如下几种：

①常绿树：橄榄、金橘、枇杷、凤梨番石榴、蜜橘、杨梅、日本柚子等。

②落叶树：无花果、梅花、柿树、木瓜海棠、石榴、加拿大唐棣、蓝莓等。

9）不适合住宅庭院的大乔木

生长速度较快的高大树木不适合用于住宅庭院中。为确保维护管理的可操作性，应事先预测几年后树形的成长状态。不适合住宅使用的大乔木有：银杏、樟树、雪松、法国梧桐、水杉、北美鹅掌楸等。另外，榉树虽然因树形好而倍受青睐，但不适合在狭窄的住宅中使用。樱花类树木虽然花瓣美丽，但是在管理方面需要喷洒药剂，这也是不可疏漏的。

2 日本本土树种和需慎重使用的外来物种一览

维护动植物的生态系统对自然环境保护而言，是非常重要的。保护生态系统的良好策略就是确保植物种类的多样性，特别是能被小鸟、蝴蝶当作食饵的植物种类，就更应选择日本的本土树种。另外，环境部门针对给生态系统能带来负面影响的危险植物，颁布了相关法律，以防止因特定外来生物对生态系统的危害，同时发布了《谨慎使用的外来生物一览》，以唤起广泛注意。主要树种有加拿大一枝黄花、田旋花、白花曼陀罗、白花紫露草、水葫芦、红花酢浆草等，具体可参考环境部门的网页。

3 大、中乔木及矮木（灌木）的搭配组合

中乔木以及矮木（灌木）可以插种在大乔木之间，不仅能使庭院产生纵深感，且因与大乔木在树形、树冠高度及树种上的差异等因素而赋予景观各种变化。还有一种很有效的使用方法，就是发挥常绿树木的遮挡视线效果。大、中、矮木（灌木）之间的搭配组合无论是平面还是立面，建议都以不等边三角形的原则配植（图 1-8-2）。

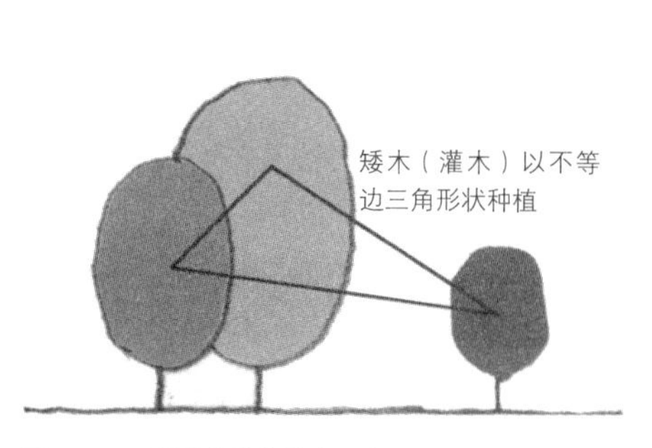

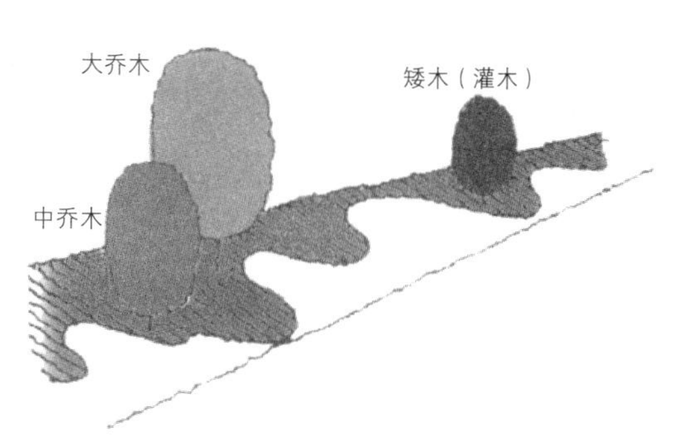

图 1-8-2　搭配种植的基本形式

1.9 树木的选择方法②

矮木（灌木）与地被类植物并用、打造自然的边际线

1 矮木（灌木）的种类

矮木（灌木）通常是指栽植时期树高不到1m的植物。矮木（灌木）与大、中乔木不同，不是以1棵、2棵为单位名称，而是以1丛、2丛来统计。这是由于从主干部位会长出很多较短的枝干而无法与主干明确区分。矮木（灌木）一般不是一丛单独栽植，多数情况下是几丛甚至数十丛以列植方式栽植。

住宅中常用的代表性矮木（灌木）如下：

①常绿针叶树：矮紫杉、侧柏、松柏类、桧柏、偃柏等。

②常绿阔叶树：桃叶珊瑚、马醉木、大花六道木、欧石楠、火焰南天竹、山月桂、冬红山茶、金丝梅、栀子花、小花栀子、皋月杜鹃类、杜鹃花、厚叶石斑木、瑞香、草珊瑚、茶树、映山红类、海桐、滨柃、华南十大功劳、柃木、单籽金丝桃、锦熟黄杨、朱砂根等。

③落叶树：绣球花、八仙花、日本贴梗海棠、麻叶绣线菊、胡椒木、日本绣线菊、日本吊钟、玫瑰、蔷薇类、少花蜡瓣花、蓝莓、日本三叶草、棣棠、毛樱桃、连翘、莲花杜鹃花等。

2 矮木（灌木）的使用方法

1）根部及花坛收边

在大乔木、中乔木类的主干部位补种植物称为根部收边。其主要目的是为了使大、中型乔木的枝叶与地表面呈连续状态，是一种让地面与树木相互呼应的设计手法。另外，根部周围栽植植物可降低植被的重心，给人以安全感。大、中型落叶树木如果搭配栽植常绿的杜鹃能丰富冬季景观，在大、中型乔木迎来新春嫩芽之前开花，能让绿意盎然的美景绵延不断（照片1–9–1）。

照片1–9–1　大乔木的根部及建筑周边种植矮灌木

照片1–9–2　花坛收边的案例

花坛的收边可用叶子小而密集的锦熟黄杨（照片 1−9−2）。

2）建筑物的基础问题

在建筑物的基础部分栽植矮木（灌木），能让庭院与建筑融为一体。道路和住宅之间的空间较为狭窄时，不建议用围合方式，以矮木（灌木）及地被植物来搭配效果会更好（照片 1−9−3）。

3）中庭、天井及过道空间

红线退后等规范要求导致建筑墙体退后，有时就会出现住宅周边所剩空间极为狭小的情况。这种居住用地，如果用绿化来精心修饰的话，同样可以营造出舒适的空间。

这种情况，如果在做住宅平面设计时，同期规划设计户外空间的话，就能找到更有效的解决方案。与其因用地狭小而将庭院独立出来设计，不如采取把重点放在从室内的角度去欣赏的方式，这种让内外融为一体的方案会更有效果。

透过固定窗、飘窗能看到中庭（天井）、浴室露台等方式，把住宅的各个部位设计成连贯式空间，就能让居住融于自然之中。但是这种空间往往日照和通风不好，而且植物的生长环境较差，因此，植物的选种就需深思熟虑。面积较小时，建议品种要集中，较适合的方式是盆栽桧柏等。

相邻用地之间的过道虽然面积很小，但如果稍加用心，也能获得较好的效果。如照片 1−9−4 所示的过道变庭院的案例，所采取的方法是：将铺石的尺寸设计成大规格的棋盘状，其间栽植地被类植物，用木质栅栏围合，并用盆栽植物做点缀。

4）绿篱、栅栏的裙边栽植（收边栽植）

在绿篱、栅栏的裙边栽植中，可使用矮木（灌木）植物，这种围合不仅给人安全感，而且围合出来的空间能带来郁郁葱葱的自然感受（照片 1−9−5）。靠前部分选用明亮色调、靠后部分用暗色调，前端再种几棵较大的树木，能打造出空间的远近层次感。但是要注意，南向庭院中有围合区域时，其内侧属于背阴面，这部分的树种选择需斟酌。

照片 1−9−3　道路与住宅之间种植地被类植物

照片 1−9−4　通道变成庭院的案例

照片 1−9−5　栅栏的裙边种植

5）入口通道及门庭

作为住宅门脸的空间应有季节感，要选择在花及叶色上均能展现个性美的植物。可以选用亮绿色和深紫色叶子的多年生草本植物，再搭配一年生草本植物。如果空间受到局限，也可以选用近低远高的立体栽植方式（照片1–9–6）。

照片 1–9–6　入口通道的种植案例

3 地被植物的种类

地被类植物指为遮盖地面裸露部分而需绿化使用的地面匍匐型植物或低矮灌木等的总称，泛指被称为 ground cover plants 的植物。

贴近地表遮盖的植物多半使用多年生草本植物、球根类植物、垂吊型植物、低矮灌木、草皮等，应尽量选择易购买、易栽植管理的植物。

适用于地被植物的条件是：地表面应完全被遮盖、树姿（草姿）优美、株高较低的多年生植株，植株本身柔软、繁殖力强、易生长、健壮而抗病虫害、方便管理等。住宅中使用的具有代表性的地被类植物如下：

①常绿类：匍匐筋骨草、虾脊兰、日本倭竹、维氏小熊竹、耐寒荀子、野扇花，从生福禄考、蝴蝶花、春兰、石菖蒲、水仙、玉龙草、大吴风草、木贼、一叶兰、小蔓长春花、花斑阔叶山麦冬、富贵草、松叶菊、日本裸菀、紫金牛、麦冬等。

②落叶类：玉竹、淫羊藿、玉簪、荚果蕨、蕨类、白芨、葱兰属、德国铃兰、萱草、小杜鹃等。

4 地被类植物的有效利用方法

1）栽植草坪庭院

欧式住宅中，草坪庭院的作用是敞开庭院突显住宅。草皮的种类有日式草皮和欧式草皮、夏绿冬枯的暖季型和冬季常绿的冷季型草皮，应根据栽植区域来选择。日式草皮耐暑、耐潮湿，生长速度比欧式草皮慢且管理轻松。家庭用草皮选用结缕草、马尼拉草最合适。草皮庭院的边缘收边处理很重要。用砖石作划分会比较生硬，可以用低矮灌木来收边，能给人亲切自然的感觉（照片1–9–7）。

2）停车位的设计

停车位的地面铺装通常都会显得比较单调。可以在车轮压不到或者车挡之后的区域，精心地做上绿化。在车轮压不到的中央部位种上草皮，周边用低矮灌木或地被植物围合，地面再以拼花方式铺上瓷砖或砖、枕木等，就能让空间变得多样化。

3）砌块混凝土绿化（slit green）的运用

如果在铺设混凝土、地砖的狭缝空间内栽植健壮、耐踩踏的植物，也会产生柔美的感觉。如果在地面水平面与挡土墙的垂直面的交接部位设置细长的栽植空间（砌块混凝土绿化 slit green），则能弱化两种不同材质间的生硬感。应结合具体使用情况，针对性地选择不易杂草丛生、不影响步行空间的地被类植物或者株高低矮的植物。砌块混凝土绿化中大多使用玉龙草、黑龙麦冬、石菖蒲等植物。垂吊类植物会妨碍行走，不建议使用。园路两侧栽植植物可以在雨季起到防止泥土流失的作用。在花坛的边缘或者景石之间种上草皮、松叶菊等健壮的植物能软化石材的坚硬感，也可采用栽植枝蔓垂落的下垂型植物的方法（照片 1-9-8、1-9-9）。

4）墙体绿化

为了防止城市热岛效应，提高景观品质，对建筑物的墙体进行绿化的需求在不断上升。城市绿化法中也做了规定：在城市绿地达到一定规模（原则为 1000m^2 以上，部分地区为 300m^2 以上）的用地范围内建造建筑物时，有义务对该地块实施绿化，这种情况除了包括用地范围内的绿化外，墙体绿化也可计入绿化面积内。

墙体绿化中使用的植物，常绿植物有：常绿钩吻藤、铁线莲、常春藤（洋常春藤类）等，落叶植物有铁线莲、爬山虎、凌霄等（照片 1-9-10）。也有生命力较顽强、可直接扎根于瓷砖墙体内的品种，因此，为避免植物直接攀附建筑物基底，需搭建攀爬用支架。

照片 1-9-7　用矮灌木收边的草坪园

照片 1-9-8　植物填补了两种材质的空隙

照片 1-9-9　堆石上端垂落而下的植物软化了石材的坚硬感

照片 1-9-10　墙体绿化的施工案例

1.10 藤本植物的选择方法

灵活应用藤本植物的各种生长方式

1 藤本植物的种类

藤本植物是让庭院变化万千的最适合元素。富有活力的曲线不仅能演绎出空间的层次感，还能随意创造出各种样态。

藤本植物的生长速度较快。生长过程中会把周边的东西卷吸进来，如果把这种多样的生长方式稍加用心地利用起来，会做出很多有趣的设计。

藤本植物从形态上有如下分类，常绿类有 ：

①吸附型：洋常春藤类、白背爬藤榕、扶芳藤等。

②卷曲型：常绿钩吻藤、铁线莲、南五味子等。

③下垂型：蔓马缨丹、蔓长春花、小蔓长春花、蓝茉莉等。

落叶类有 ：

①吸附型：凌霄、爬山虎等。

②卷曲型：木通、美味猕猴桃、藤本月季、多花紫藤、葡萄、木香花等。

以上这些植物均有各自的生长特点，例如像藤本月季，是从较长枝干上伸展出新的枝条并攀附在其他支架上；而像地锦类，则长有进化了的带有吸盘的特殊枝条。因此，可以尝试一下，把这些植物灵活应用在空间中，发挥出它们各自的特性。

2 藤本植物的使用方法

1）用拱架、藤架做框架

拱架能简易划分和界定其他空间的边界。藤架上缠绕的落叶植物可以调整夏季与冬季的日照量，营造舒适的室内空间（照片 1–10–1）。

照片 1–10–1　拱架的案例

照片 1–10–2　裸露出地面的地基墙体部分攀爬蔷薇的案例

2）夜灯骨架

过去，夜灯是用于室内的照明器具，用木或竹子做成四角骨架，表面贴上障子纸，内置盛油的器皿，点上火后用以照亮。因其骨架结构而得名的制作方法也被藤本植物广泛利用。把攀缘特性和设计理念有效结合起来就能制作出各种姿态优美的夜灯。一般使用的植物有牵牛花、铁线莲、西番莲、素馨花等。

3）缠绕于格架、栅栏上

藤本植物缠绕于格架或栅栏上后，就是一个通透性良好的围合物。而它与遮挡性较强的围墙不同，是一种有季节表相的软质围合物。

4）建筑及围墙的墙体绿化

对建筑物实施绿化，不仅提高设计品质，同时也能提高隔热性能，有助于改善居住性能。对于木结构建筑而言，吸附型的常春藤类植物会伤害建筑本身，因此，不要直接攀缘到建筑物上，需架设攀爬架来诱导其生长。

照片 1-10-2 是针对高地基住宅的基础裸露部分，用金属架做成支撑格架支于地面，以供植物沿着建筑生长，从而完成了基础墙体的设计。

5）缠绕于树木上

枯萎的大乔木、落叶树木上如果缠绕藤本植物，会有意想不到的效果。

6）遮盖地面

地面被地被类植物遮盖后，可以模糊材质的边界，是软景设计。夏季还可降低地表温度，营造出舒适的居住环境。

藤本植物的应用场所及对应的代表性植物名称和案例参见图 1-10-1。

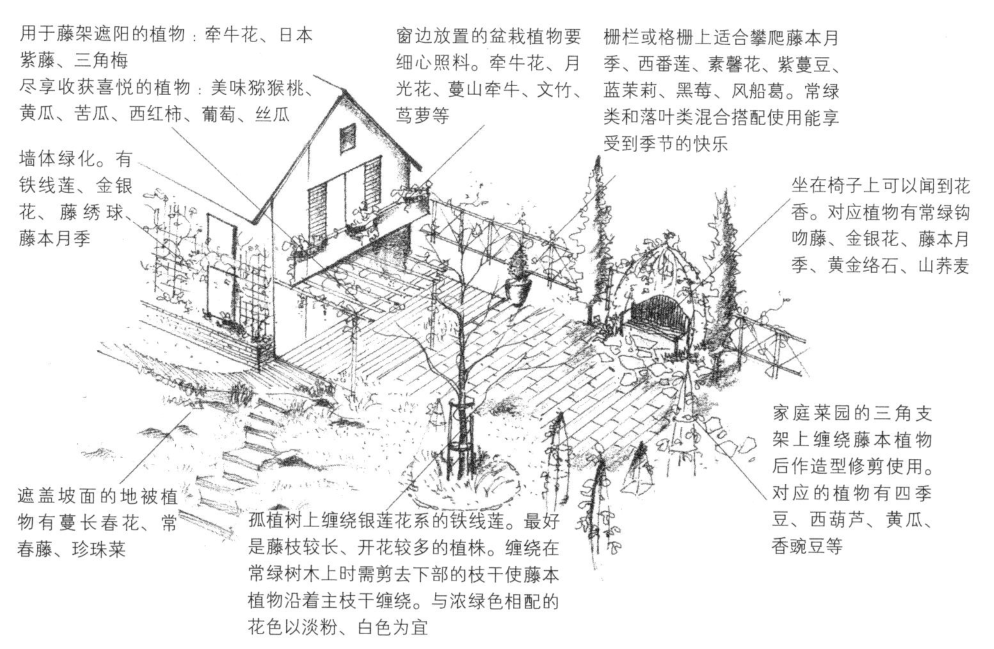

图 1-10-1　藤本植物应用场所及对应植物名称

1.11 绿化施工、固植与移植

确保树木成活的土壤环境与移植方法

新建的住宅用地大多数情况下，表层土壤均不适合植物生长。此时，大多需要对栽植区域的土壤进行改良。改良土壤的深度依据所栽植植物的规格而定，通常矮木（灌木）需 30cm、大乔木需 60cm（图 1−11−1）。

1 改良土壤的方法

改良土壤的首要步骤是拣出原有土壤中的混凝土片、石块等，如果土质为排水不良的黏性土壤时，则需以渗水性较高的珍珠岩为主进行土壤改良。如果是渗水过强的砂质土壤，可以混入 20% 左右的保湿性较好的树皮堆积发酵土、腐叶为主的回填土。栽植果树苗时，树池及改良土壤的要求均要高于普通树木。如果土壤改良、栽植方法以及栽植后的管理方面出现问题，就会直接影响树木的成活率，也会影响树木恢复树形及生长发育。排水极差的黏性土壤，需对树池内的土壤进行彻底改良。植物枯萎的主要原因在于根部缺氧，因此，树池需做渗水处理以便能补给氧气。

2 栽植工序

栽植高大乔木的工序大致如下（图 1−11−2）：

①挖掘栽植植物的穴坑（种植坑）。种植坑的直径以根球直径的 1.5 倍为宜，深度是在根球高度上再加 10~15cm。

②添加底肥时，种植坑内可放入堆积肥等肥料，并与基土充分混合。

③为防止肥料与根有直接接触，需要在种植坑内回填少量土壤，且中央部位需略高一些，然后把庭院树木放入种植坑的中央部位。此时庭院树木的根与茎相接部位与地表面同高，注意不要栽植过深。

④确定好植物栽植朝向，埋入 2/3 高度的土壤，要使用改良土壤后的混合土。

⑤为防止根与土之间有空隙，可用木棍捣实，然后充分浇灌水。

⑥水渗入土壤后再用脚将土踩实。

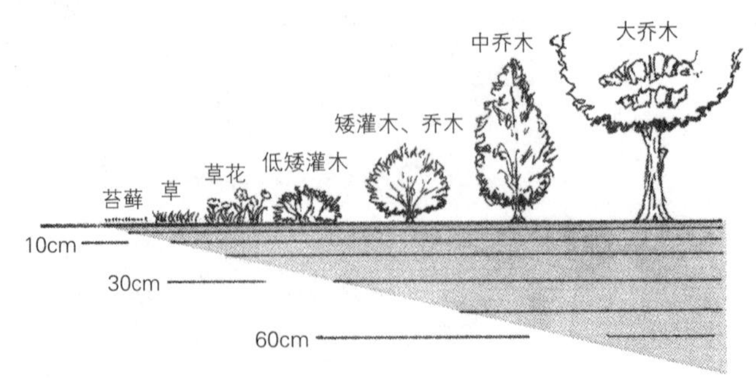

图 1−11−1 植物生长所需土壤厚度

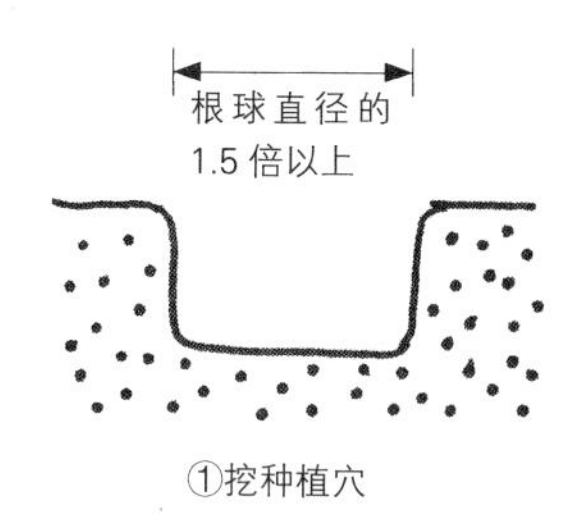

①挖种植穴

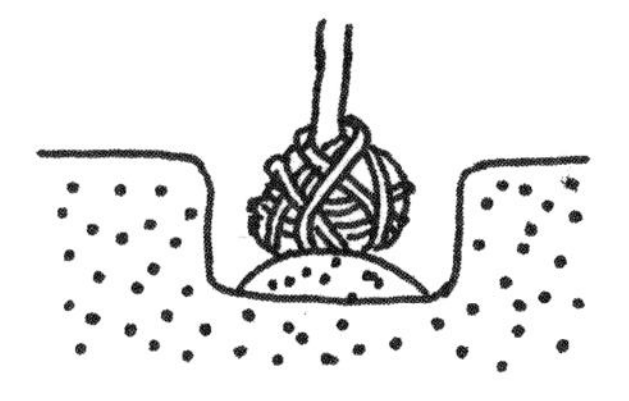
②中央部凸起，不宜深植

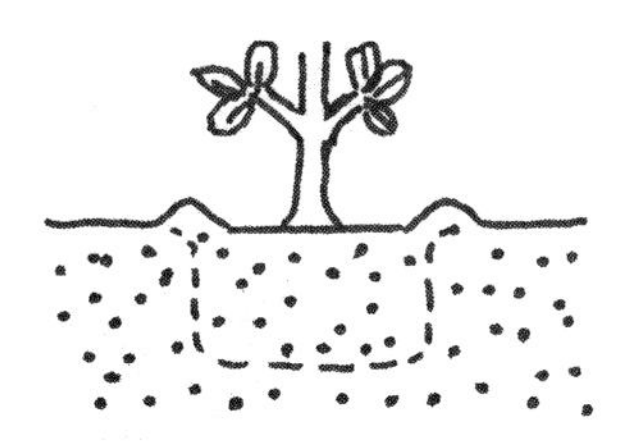
③周边堆成水钵状保养

图 1-11-2 种植步骤

⑦将四周的土堆成圆形水钵状，以防止水溢流到周边，根据情况搭上支架支撑树木。

图 1-11-3 TPM 施工方法

3 移植方法

保留原有树木能延续家族的回忆，这也是小动物们维持生态系统的良好介质，如果树木在原有位置上留存较困难的话，可选择移植。但是，有宜移植和不宜移植的树木，所以不能一概而论。移植方法一般使用修根法，也有利用大型移植机将树木连续移植的 TPM 施工方法（图 1-11-3）。无论哪种方法都要按计划有步骤地实施。修根的注意事项如下：

①严格遵从移植的适宜期。针叶树的适宜期为 10 月至次年 4 月，落叶树是从落叶开始的 11 月至次年 3 月，最佳期为发芽的三月份左右。通常移植适宜期都与栽植适宜期一致。

②进行切根、修根。移植前 3 个月至一年之内，根部用铁铲切成圆周状，以便促进其生出细根。这称为修根。是为了移植易于成活而做的预备工作。修根的同时，要剪掉枝叶，保证地上部分的蒸发和地下部分的吸收达到均衡。根球的大小在根茎直径的 3~5 倍即可。

③卷根。挖出修根后的树木，根的部位（根球）用稻草绳捆包好，其目的是防止根部干燥和受伤以及根部土壤松散掉。

④搬运。搬运时要注意防止枝干折断、保护好树干。

⑤栽植。栽植方法同**2**的栽植顺序。为保证成活，应注意枝叶修剪和根球部位的处理。

⑥覆盖。覆盖的目的是为了防止干燥，保证冷热度，帮助根部发芽，像移植后树木的根茎表面覆盖了土壤那样覆盖 3~5cm 的厚度。但是，如果覆盖过厚，嫌气性细菌会妨碍土壤与空气的气体交换。

1.12 植物管理的注意事项

保持树形及植株的美丽

为保持树姿美丽、防止病虫害且能使植物健康茁壮成长，日常的维护管理是很重要的。要经常修剪密集的枝叶，以确保通风良好，及时清除地面的枯萎树叶，以防病虫害发生。开花树木要在花谢落后及时修剪干枯的花梗。

树木类的管理一般需要施肥、驱除病虫害、整枝、剪定、剪枝等作业。

1 栽植后施肥的注意事项

1）肥料的种类与功效

确保植物健壮生长的主要肥料有氮、磷、钾。

氮肥主要是促进叶子生长。氮肥不足会引起树叶变黄、枯萎。主要的肥料有硫酸铵、尿素、生石灰、硝酸铵、油渣等。

磷肥能促进根、茎的生长和开花。磷肥不足会使叶色变成暗绿色并随之枯萎，花色变差。主要的肥料有过磷酸钙、溶解性磷肥、鸡粪等。

钾肥也称为根肥。可促进植物的新陈代谢，是根、茎、叶生长不可欠缺的肥料。钾肥不足会使水分代谢减弱，根和茎停止生长。主要的肥料有草木灰、硫酸钾、氯化钾等。但要注意，如果钾肥过多会加速植物生长，出现异常的畸形生长等问题。

2）施肥的种类与时期

施肥的种类主要有：基肥、追肥、冬肥、采果肥等。

基肥是指在栽植前对土壤重新施入肥料，最好使用缓效肥料。追肥是指栽植以后根据生长发育状况随机施肥。冬肥是指针对春季生长期，在冬季休眠时期对植物施肥。采果肥是指花谢落后或果实收获后，为使较弱植株恢复健壮生长而进行的施肥，适合使用速效的肥料。

3）施肥方法

施肥方法有穴施、沟施、洞施、撒施等，应根据庭院树木的种类、栽植位置及实际状况以及与庭院其他树木间的关系来选择相应的施肥方法。

2 预防与驱除病虫害

预防病虫害、确保植物茁壮生长发育，这是至关重要的。抑制病虫害发生的注意事项有如下几点：①要牢记营建丰富的生态系统。树木、花草以混植方式栽植，则单一种类的害虫或病原菌就不易存活。增加虫类的各种天敌，如昆虫、微生物等的种类和数量，均能起到预防病虫害的作用；②保证良好的日照和通风，不要施肥过多；③庭院土壤需干燥（杀菌）后方可使用。

1）庭院树木的主要患病类型与症状

防止树木发生病虫害，要在患病以及病虫出现之前或刚出现时，采取喷洒有效的药剂或物理性方法，应有计划、有步骤、持续性地做好防备清除工作。

主要的患病类型如下：

①红星病：易发生在梨、贴梗海棠、苹果等植物上。叶子的背面会出现突起的红色星状斑点。

②白粉病：叶子、枝木上有一层粉末状白色霉菌。常见于山茶花、茶树、大花山茱萸等。

③褐斑病：大多数植物均会发生，叶子上出现淡褐色斑点并随之枯萎。

④黑星病：多见于蔷薇科植物，叶子上有星状斑纹。

⑤炭疽病：发生于桃叶珊瑚、华南十大功劳、大叶黄杨等植株。叶子上会出现圆洞。

⑥天狗巢病：从部分枝干开始出现并扩散到大多数的小枝上，会出现像天狗窝一样的病斑而得名。多见于毛泡桐、竹、樱花类。

⑦叶烧病：叶子像烤过的年糕一样膨胀、腐烂。驱除的方法有喷洒药剂或者切除、烧掉患病的枝叶。

2）庭院树木的主要害虫类型与症状及预防驱除方法

归纳整理后的主要害虫种类和对应植物、防除方法如表1–12–1所示。

3 植物的管理

1）整枝、剪定、修剪

a. 整枝、剪定、修剪的目的

“整枝”是指调整树木生长、确保树形美丽、使树木持续生长。整枝时所采取的切除枝干、树梢以确保良好的采光和通风，保证庭院树木健壮生长、开花结果的措施称为“剪定”。将树木伸出的枝干修剪整齐称为“修剪”。

b. 剪定时期

一般在落叶后10~12月和春天发芽前进行。绿篱的剪定一般针对常绿树木，初

常发生于庭院树木上的病虫害及防除方法　　表1–12–1

害虫名称	特征及针对植物	防除方法
茶毛虫	在茶梅、茶树、山茶花等植株上群体繁殖的毒蛾类的一种，触碰会引起皮肤红肿	切除、烧毁病叶等
介壳虫	在叶、枝条、枝干上发生，吸收枝条及枝干内的树液导致枝叶枯萎	做好通风、采光，拨掉
蚜虫	寄生于所有的树木上。5~8月侵食新芽、新叶	提前喷洒药剂
网蝽	在皋月杜鹃、映山红等植株上群体繁殖，吸取叶的汁液。类似相扑的挥扇（古代武将用于指挥军队的武器——译者注）形状	喷洒药剂
螨虫类	夏季高温时发生。吸收叶子的汁液	多种药剂交换喷洒

夏（5~6 月）一次，若枝干伸出过长、树形过乱，可在夏天（7~8 月左右）进行第二次剪定、修剪。各个季节植物管理的相关内容如图 1−12−1 所示。

2）草坪的管理

草坪管理包括修剪草皮、施肥、覆土、灌溉、打孔（aeration）、除草。草坪要从春天开始到秋天每 10 天修剪一次。覆土是调整草坪凹凸不平、保证表面均齐，同时促进草皮发芽。施肥可与覆土结合进行，能培育出适合草皮生长的土壤。灌溉在夏天需每天 1 次。打孔是为了确保土壤通气性能而在草坪上打洞。

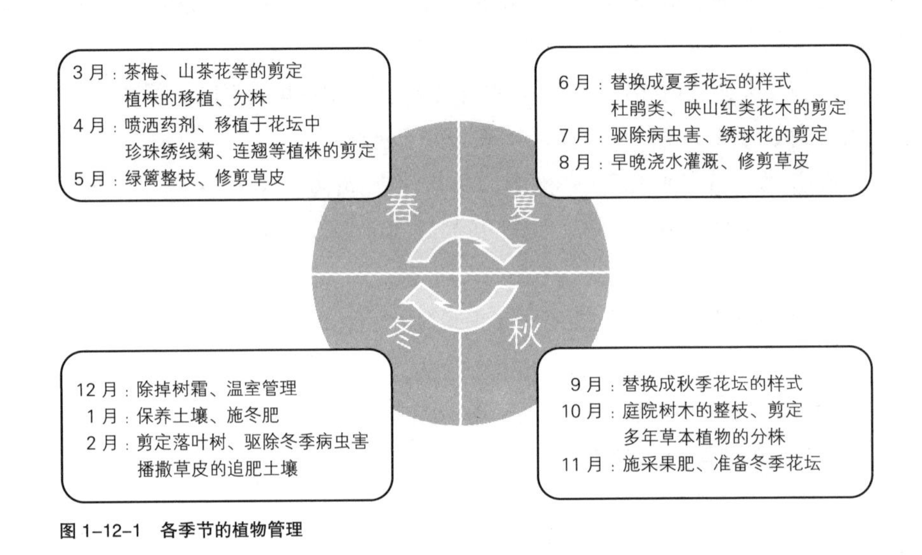

图 1−12−1　各季节的植物管理

1.13 图面表现技法

积极发挥手绘表现的优势

1 图面表达的重要性

设计图是准确传达设计理念的重要书类文件，园林中多使用树木、花草、石材等自然材料，因此，其图纸并非像建筑图纸那样无论是谁画的都是一个模子。

在 CAD 表现上偶尔添加一些手绘，就能很好地表现出自然材料的亲切感。变更设计以及替换数据时，基本设计部分用 CAD 完成，给业主汇报方案时，CAD 与手绘并用能更好地展现出设计者的个性和精彩玄妙之处。另外，审批图纸、公共工程的施工图等针对不同用途有不同比例和表现方法。本章主要以私人住宅的业主（展示或契约）为对象进行阐述。

2 平面图画法

平面图中树木的画法是要把树木本身枝叶形态的感觉表现出来。离枝干较近部分画得粗一些，周边部分要画得精确而仔细。要从枝干的数量上能大致分辨出株高、单枝以及大、中乔木等。针叶树的形状也应画得与针叶树比较接近。当绿篱有一定延长度时，用手描绘效率较低，可以对应比例用 CAD 精准地描绘出来。

在画比例尺度较大的私人住宅庭院时，树木之间的细微差别应用手绘图例符号准确地表达出来。当然，CAD 也有能画出手绘感觉的图例，可以根据具体情况选用。

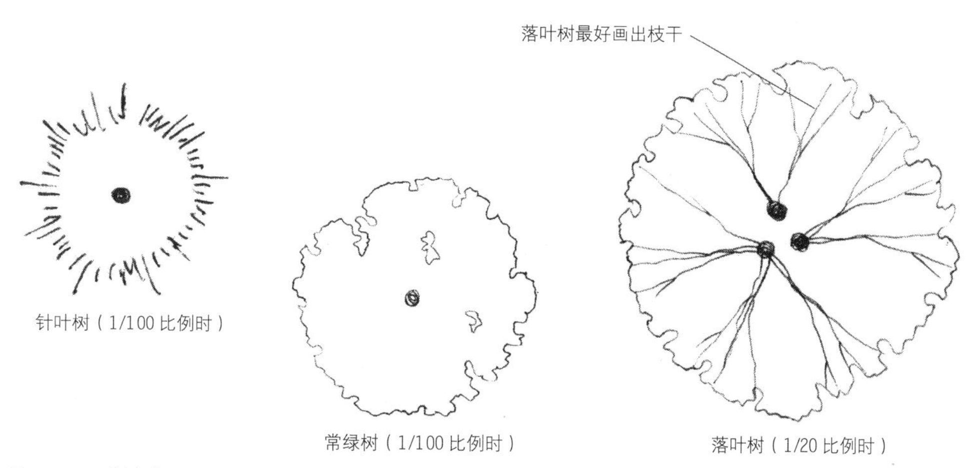

图 1-13-1　树木的平面图（比例尺度以方便表现为主，非实际尺寸）

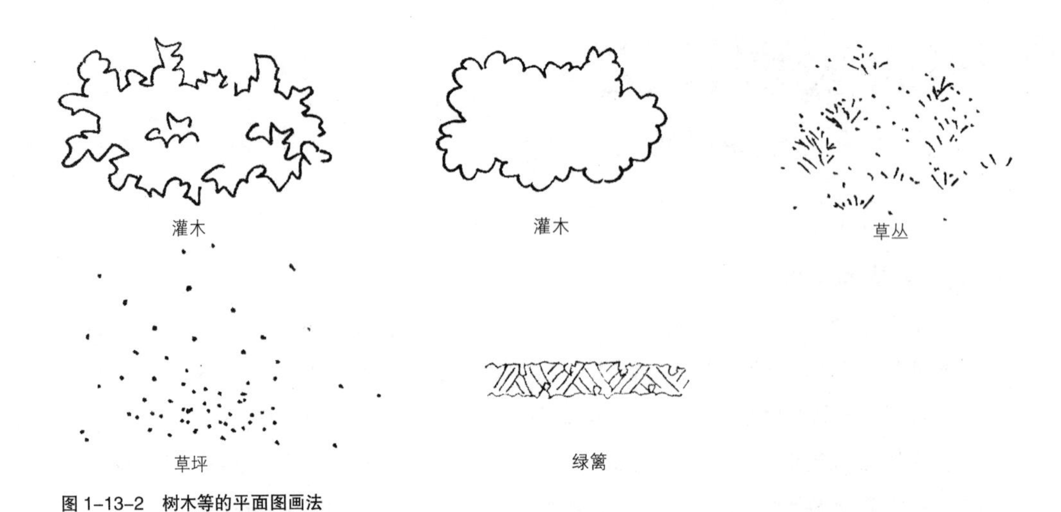

图 1-13-2　树木等的平面图画法

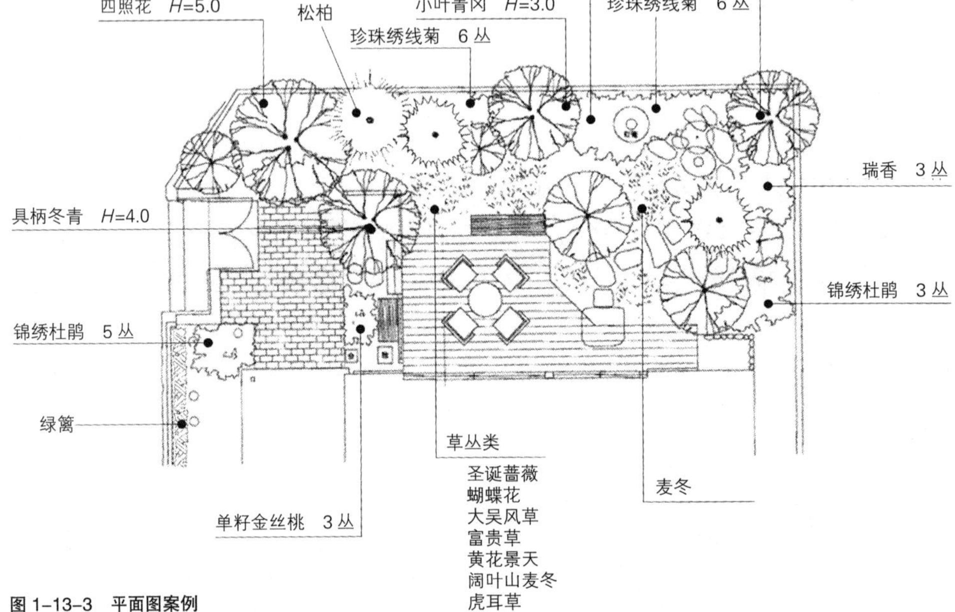

图 1-13-3　平面图案例

如果加入草丛等的手绘效果，就会立刻展现出造园设计的自然氛围，因此，建议多使用。

图 1-13-1、图 1-13-2 为各种植物的表现方式，图 1-13-3 为庭院设计中植物的组合表现。

3 数量表的表达方式

公共工程图纸大多如表 1-13-1 所示，用序列文字符号来标记树木。工程中使用的各类树木及对应的形状和数量均以数量表的方式记录出来。

数量表记录案例 表 1-13-1

图号	名称	形状（m）			单位	数量	备注
		H	C	W			
樟	樟树	3.5	0.21	1.0	棵	8	二腿支撑架
榉	榉树	4.5	0.18	1.5	棵	12	三腿支撑架
四	四照花	3.5	多枝	1.8	棵	7	二腿支撑架
	锦绣杜鹃	0.6	—	0.6	丛	25	
麻	麻叶绣线菊	0.5	—	1.0	丛	30	
吉	吉祥草	0.2	—	10.5cmVP	丛	50	苗钵
六	大花六道木	0.2	—	12.0cmVP	丛	60	苗钵

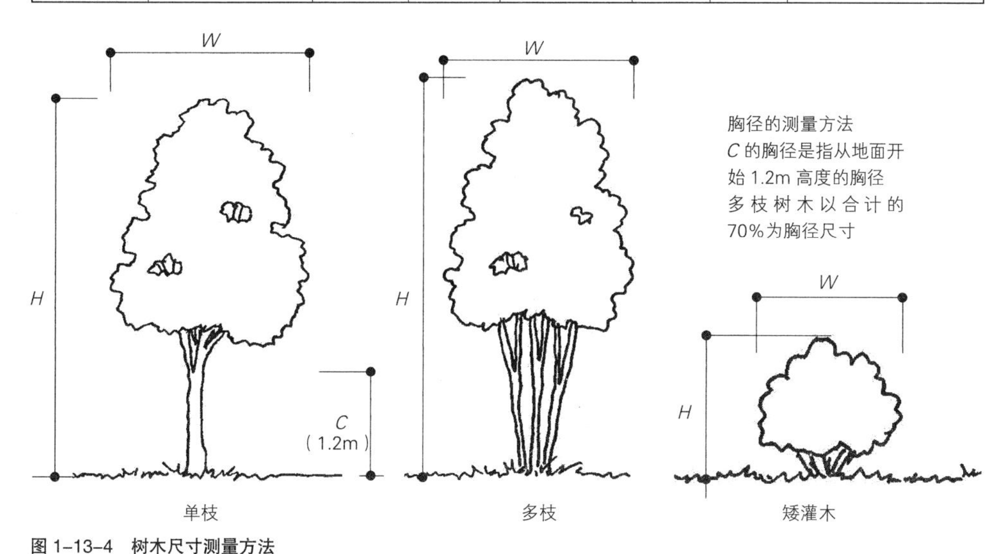

图 1-13-4 树木尺寸测量方法

树木的形状用树高（H）、树冠（W）、胸径（C）来表示。矮木（灌木）以树高（H）、树冠（W），草丛、地被类植物多以苗钵直径来表示（图 1-13-4）。

4 立面图画法

画树木的立面图时，要明确区分落叶树和常绿树的表达手法，这能增加画面整体的透视感和变化。如果针叶树画成圆锥形并描出阴影，就更能体现真实感（图 1-13-5）。

图 1-13-5 树木的立面画法

立面图通常要设定 5 年以后植物长成的状态去绘制。

5 透视图画法

最近普遍流行用 3D、CAD 来表达画面的真实感。但是，手绘具有展示绘制者独立个性的优势。另外，与业主进行讨论时，根据业主的期望画出庭院局部以及门庭的透视图，能迅速把设计意图传达出来，也能提高业主的信赖度。一点透视图因其较易表现而被广泛使用于外环境透视图表现中。一点透视图是以物体向图面中的某一点（灭点）逐渐变小的方法来表现空间远近感的画法。

现按如下① ~ ⑥的步骤简要说明庭院角落部位的透视图画法（图 1–13–6）：

①画出透视对象的大致轮廓，定好正面（水平）构图。

②在视线高度的任意位置上确定好灭点。

③画面的左右两边设定好比例尺度，分别从围墙、绿篱等主要的顶部和地面的点向灭点连线。近端围墙高度（α）在远处则为（α'）。

④在任意位置上确定庭院的角度（β）后绘制垂直线。此位置越接近灭点纵深感就越强烈，庭院就会越宽阔，而越接近右侧正面的围墙（绿篱等）就越靠前，庭院也就显得越狭窄。

⑤庭院的纵深方向如果分成 4 份，则高度也分成 4 份并连线到灭点，此线与分割面的对角线（A）相交并连出垂直线后就画出有远近透视感的分割线。

⑥与庭院的分割线相对应画出正面的围墙，边调节尺度边画出树木、设施器具、花坛等。

上色有彩铅、水性马克笔、水性彩色铅笔等，无论哪种上色方法，建议不要对整个画面都着色，除了木地板等地面和主要树木花草上色外，其余部分尽量留白，这样透视图才能突显出设计主题（图 1–13–7）。

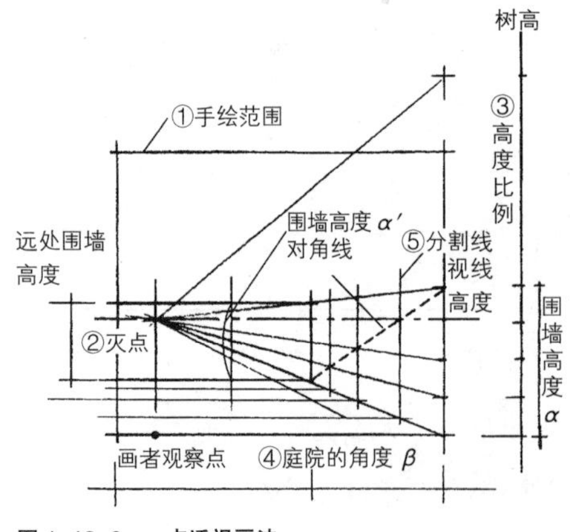

图 1–13–6　一点透视画法

图 1–13–7　手绘案例（铅笔画 / 马克笔上色）

第二章

绿化设计基本方法

兵库·筱山的街道 入口标志性的樱花树

2.1 功能分区（区域划分）方法

协、创、游三种功能区划分

功能分区是指在开展具体设计之前，先考察住宅及周边环境条件后，通过功能划分，对户外环境各构成要素进行归纳整理的工作（图 2–1–1）。从几个功能分区方案中筛选出最佳方案，这对提高设计精度和效率均有推动作用。

1 3 个功能分区

通常功能分区根据用地与建筑物的关系、用途等大致分为协空间、创空间、游空间这三种。根据用地与道路的衔接状况，这三种空间的功能划分会有很大差别。不同道路位置关系下，各个协、创、游空间在东西南北不同方位的功能划分示意如图 2–1–2~ 图 2–1–5 所示。

1）协空间

协空间（过渡空间）是指道路与用地的交界处（用地边界）、门庭、入口、停车位以及前庭部分，此空间是与外界的邻接部分，属半公共空间设计，应注意与周边环境的协调。

2）创空间

创空间（服务空间）是指半室外的家务空间，以往它是用于晾晒衣物、处理垃圾、室外收藏等的服务性小院，而现在大多被设计成业余爱好用的工作空间，或园艺准备工作等的创造性场所。一般设于设备间、厨房附近。

3）游空间

游空间（休闲空间）是指与客厅相连的主要庭院空间，是确保居住者私密性的空间，庭院的使用方法较自由。

2 功能分区设计时的注意事项

本节将各个功能分区中停车位、中心庭院等的构成要素、动线、视线等注意事项归纳整理成功能分区分析图（图 2–1–6、2–1–7）。功能划分时应注意以下事项：

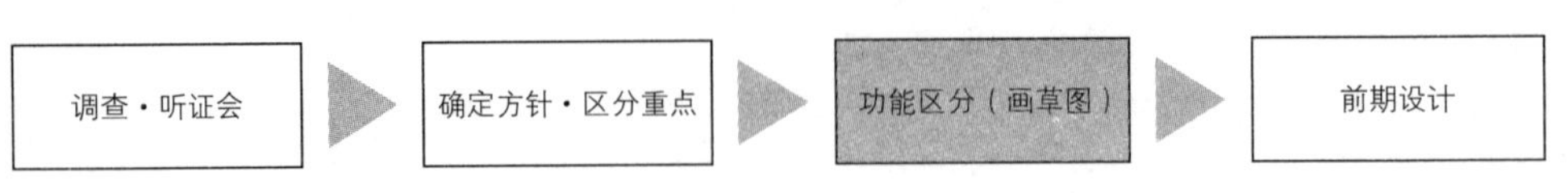

图 2–1–1　功能分区是前期设计的准备

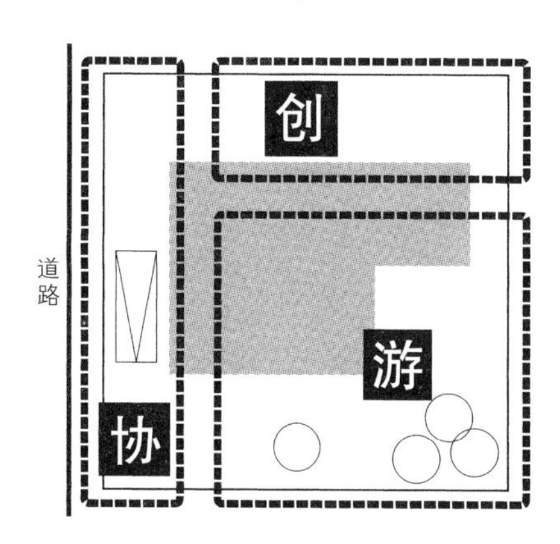

图 2-1-2　西侧为道路的功能分区案例

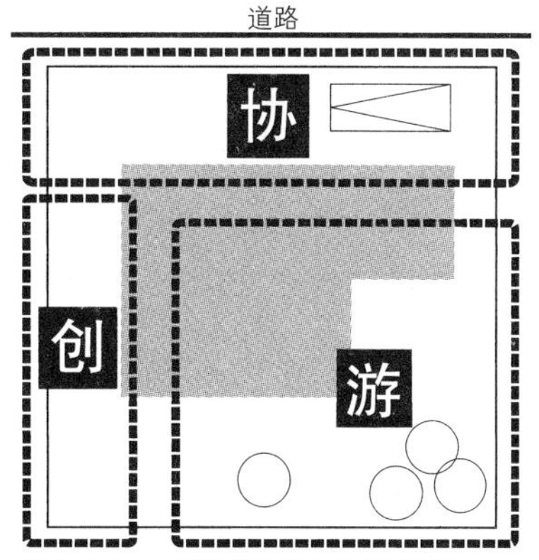

图 2-1-3　北侧为道路的功能分区案例

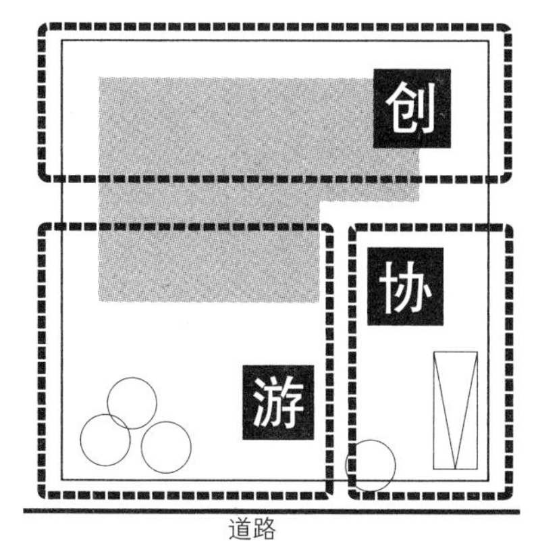

图 2-1-4　南侧为道路的功能分区案例

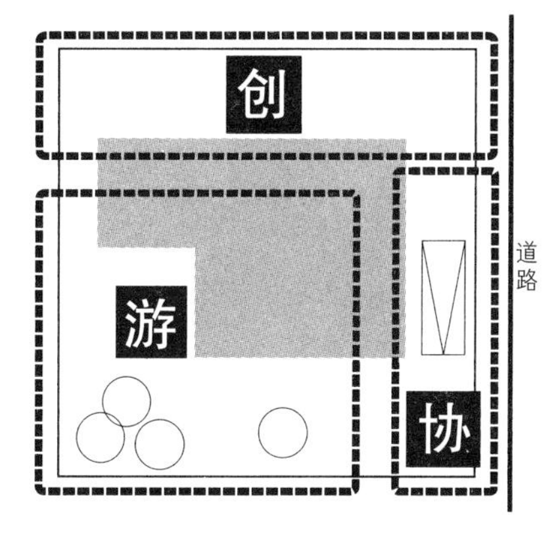

图 2-1-5　东侧为道路的功能分区案例

1）整体布局

应确保整体布局的平衡及各个部位对应的恰当空间。

2）与周边的关系

确认用地及周围的状况是否协调，特别要注意下列诸事项后再开展设计：

①停车位的位置要考虑与前面道路之间的关系（如宽度、道路坡度及用地各方位的高差关系）；

②与邻接用地之间的间距、高差、邻接地的建筑窗户的位置和高度、晾晒场地等的位置；

③分析欲借景使用的最佳观景地的营建及是否有需要被遮挡的部分；

④掌握原有树木、邻接用地的植被状况以及设备箱位置的整合性。

3）动线设计

分析研究动线、生活方式是否方便居住者使用、是否设想好家庭未来状况等问题。设计中尽量保证服务性小院的有效性、家务工作可绕院子一周的轻松动线。

4）绿化设计

绿化设计区域需单独设计。植物会慢慢长大，各个功能分区应富有变化。用于确保私密的植物、强调重点的区域，与植物亲密接触的区域，以及面向外部的形象栽植区域，这些区域都应考虑到整体的协调性，并结合各自目的做好设计。

现通过案例分析详细阐述功能分区方法。

图 2-1-6 是归纳整理绿化设计阶段的手绘草图的案例，根据现场调查确定好协、创、游的区域，对需要确保私密性的空间采取密植植物的策略，在关键部位搭配栽植植物。

图 2-1-7 是依据上述手绘草图，利用意向图表现出各个协、创、游空间内所需功能的具体尺寸和样式。此时，要综合考虑与住宅平面设计的关系、人的动线以及从室内可观赏到的庭院景观等问题再进行植物配植。

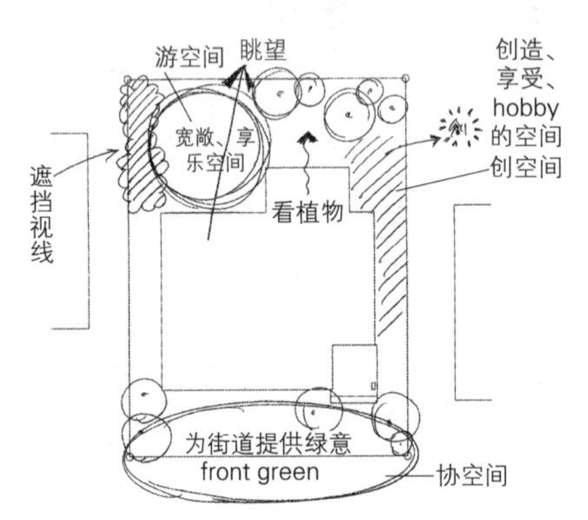

图 2-1-6　植物设计的功能分区案例（草图 1）

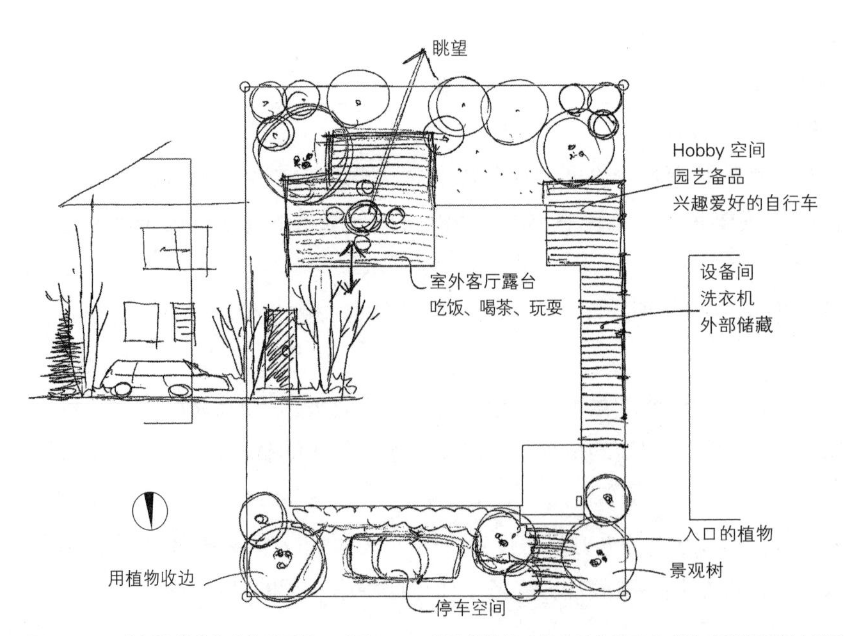

图 2-1-7　南侧为道路的功能分区图。以图 2-1-6 的种植设计功能分区为基础完成的功能分区图（草图 2）

2.2 植物的空间效果①

植物配植方法

从多角度探讨功能与意匠的对立

植物配植是指结合各个不同场所的功能和特性来选择合适的植物并确定具体位置。除了决定植物的栽植位置外，还需探讨如何利用大乔木、中乔木、矮木（灌木）、地被类植物以及草本花卉等的搭配组合来解决景色和季节的变化，还要探讨从园路及室内一侧的观赏方式。植物配植的关键在于不栽植多余或无意义的树木。应站在居住者的立场上考虑植物在 10 年、20 年内生长时期的状态及维护管理的难易度是否恰当。

绿化设计不仅要考虑栽植时从人的视线角度会如何观察，还要从平面图角度理解随着岁月如何发生变化、随春夏秋冬又如何发生季节变换等。

1 不同部位配植植物的注意事项

门庭、入口要在考虑住宅的形象与街区协调的基础上表现居住者的风格。

主要庭院的重点是要确定好从室内角度观察庭院的最佳位置，还要考虑到季节感、夏季的绿荫以及冬季的日照影响。用地边界部位的绿篱设计参见“1.7 绿篱设计”。

2 配植植物类型

1）孤植

从点、线、面基本造型考虑，孤植（栽植单棵植物）属于点的设计手法。多用于中心点、集中点、起点／终点，从概念设计角度来说，具有强调、集中、诱导等作用（图 2-2-1）。

景观树一般使用孤植方法。为展现树木自身特点，或者树池内不适合栽植 2 棵以上植物时，可采用孤植方法。欧式风格的孤植大多使用松柏类的对称植物，日式风格则使用像门冠（日本园林设计中，在住宅的院门处栽植的树木，因树冠像帽子一样遮盖着入口空间而被称为门冠——译者注）树木这样非对称植物。

图 2-2-1　孤植（日式风格选用不对称式）

图 2-2-2　对植

2）对植

对植是指两棵树木对应栽植（图 2–2–2）。2 棵之间的间距小于两者高度之和，则这 2 棵树木为对应关系，如果超过这个距离就是对立关系。

3）双植

双植是指不同种类的 2 棵树配对栽植。2 棵树种相同时，要在花色或高度上适当加以改变。通常作为街区入口的树门或替代门柱使用。也有栽植有好兆头寓意的红白色梅花、大花山茱萸。

双植的手法有对应、呼应、追逃、雌雄（图 2–2–3）等，应根据场地设计要求选择相应的树种、树型。使用最多的手法是雌雄。雌雄就像夫妻岩、夫妻松那样，一对树木大小组合搭配有如夫妻般的样态，很久以来日本人就非常喜欢这种绝妙的平衡感。大的树木旁依偎着矜持沉默的树木，仿佛空气中弥漫着一种相互依恋的氛围。

4）三植

是 3 棵树以不等边三角形的位置关系栽植的方法（图 2–2–4），它是日本庭院中最基本的平稳搭配方法。其基本组合方式是以中心树木（主）和一侧辅助树木（辅）及代表对立意义的树木（对）这三者来搭配。高、中、低的树木高度和前、中、后的关系是日本人最熟悉不过的平衡感觉。这种三植的反复运用使绿化区域具有良好的统一感。

图 2–2–3 雌雄

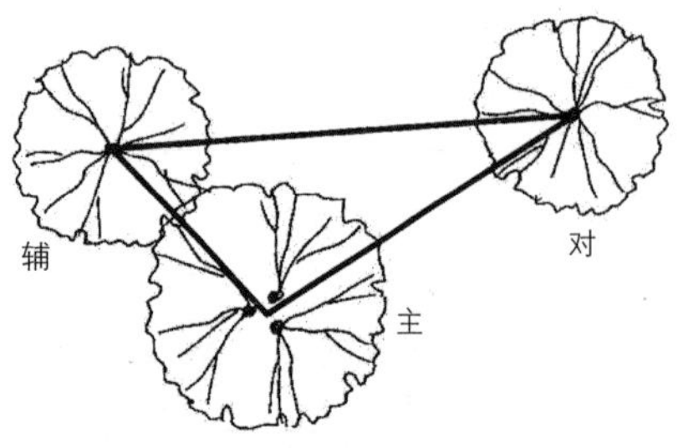

图 2–2–4 三植

图 2–2–5 列植

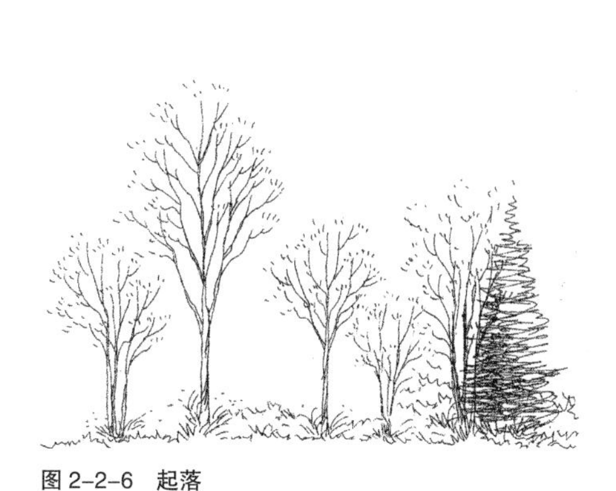

图 2-2-6　起落

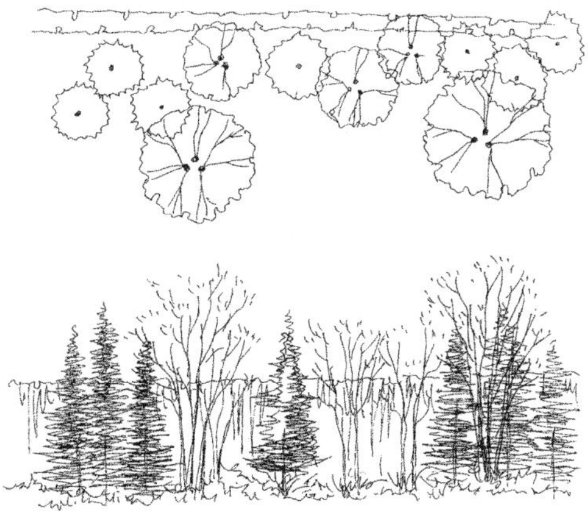

图 2-2-7　混植

图 2-2-8　混植的对峙

5）列植

是将相同种类和规格的树木以一定间距排列栽植的线性栽植方法（图 2-2-5）。它是自然界几乎不可能存在的样态，人工感较强烈。

通常用于需向某个方向引导或明确边界的部分。但是庭院栽植中，为避免与天际线形成一条直线，通常在大乔木旁栽植矮木（灌木），使其轮廓线富有曲线韵律感（这里也可称之为起落）。即使是矮木（灌木）类植物，加入了层次关系后，也能产生纵深感和动感（图 2-2-6）。

6）混植

a. 混植

是指大、中乔木、矮木（灌木）以及常绿、落叶等各种树木混合栽植。另外，需要分析研究这些植物是单枝干还是丛生枝干、叶子的大小、形状、红叶的色彩、花的形状、开花期、与草丛植物之间的相互关系等（图 2-2-7）。

b. 混植的对峙

树木群与树木群的相互对峙能发挥出比 1+1=2 还要强的能量。树木之间的相互对峙，会有能量融合并不断传递的效果（图 2-2-8）。

2.3 植物的空间效果②

借势造景

强调场地的方向性、气场

1 何为气场

树木的气场是指能影响周围环境的树木本身固有的气势方向。气场分强度和范围。借用气场的设计能营造出突出场所的方向性和场力的“动感景观”。其庭院构成均以自然树木、石材为主。树木与建筑材料不同，它本身没有固定的形态，而是拥有各自不同的自然状态。树木有的取自于平地的农田，有的取自于山林的坡面，其生长的地形特点决定了树形的样态。发挥好树木、石材本身的内在特色和能量才是绿化设计的妙趣所在。

1）树木的正反

能接受到阳光照射、面向阳面枝叶伸展的一侧为树木的正面。栽植时要注意树木朝向（栽植倾斜状况）。适合庭院栽种的植物从树木正面方向看到的立面应该呈直线状，而从侧面看枝干弯曲成稳定的S形（图2–3–1）。

2）气场的方向

任何物体都有因自身形态所带来的气场的方向感。正方形、圆形的方向感较小，主要是朝四个方向的气场。从图2–3–2中的松柏类植物的平面图上能看出朝四个方向均等的气场。图2–3–3是庭院景石的平面图，气场方向是向着左右的长边方向，特别是端头较细的左侧部分气场更强一些。

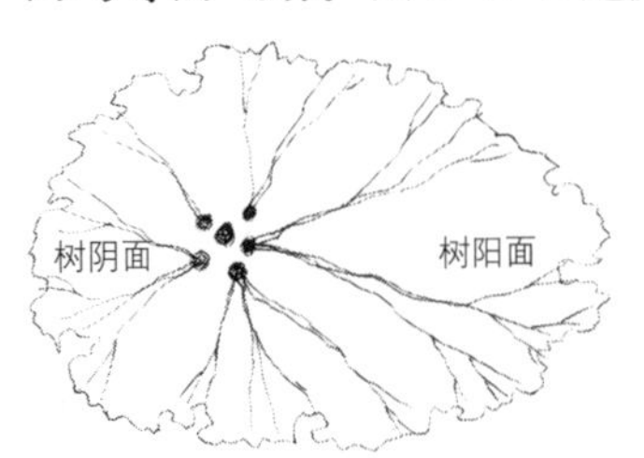

图2–3–1　树的正与反

3）树木的气场

树木的气场随树形和搭配方式而不同。有效发挥好气场优势能设计出有趣的户外环境及庭园的景色。图2–3–4中，虽然从生树木有多个树干，但是这些树干的轴线均汇聚于地面上的同1点而呈现出安稳状态。图2–3–5中两棵树有相互聚拢的气势，两者之间的空间因场力较集中而会带来紧张感。如果把树木的平面距离拉开就能出现纵深感。图2–3–6是两棵

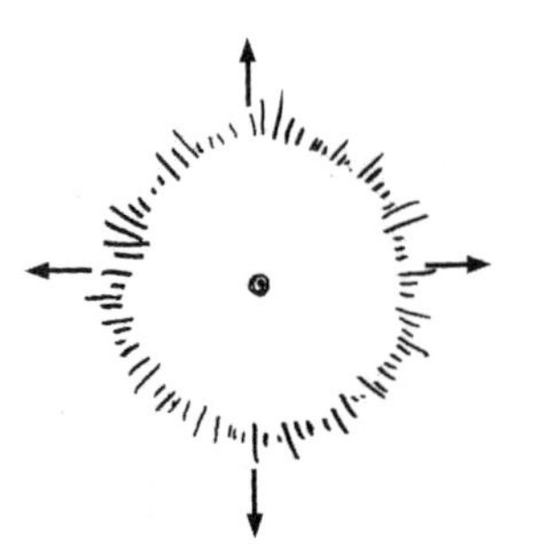
图2–3–2　气场朝向四方

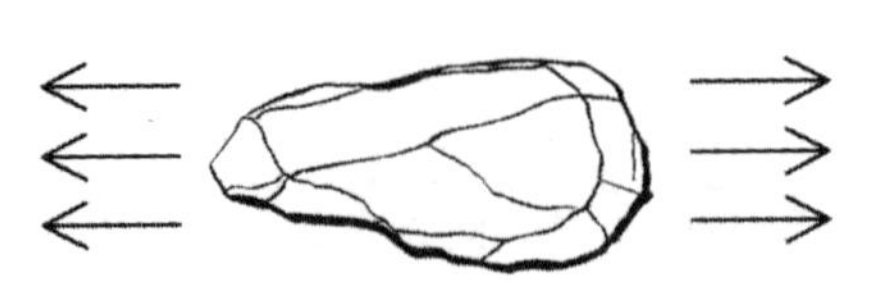
图2–3–3　气场沿长边向两侧

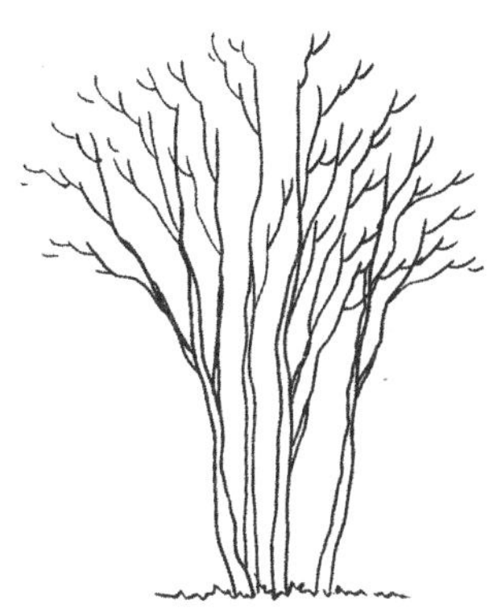

图 2-3-4 分枝树木，以地面一点为中心

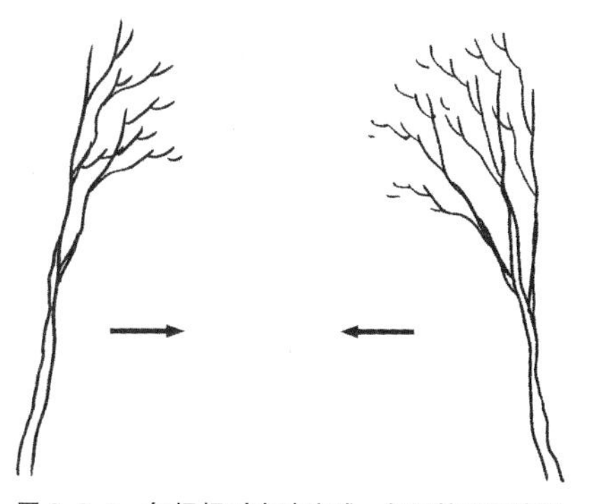

图 2-3-5 气场相对有冲突感，如果拉开距离就能产生纵深感

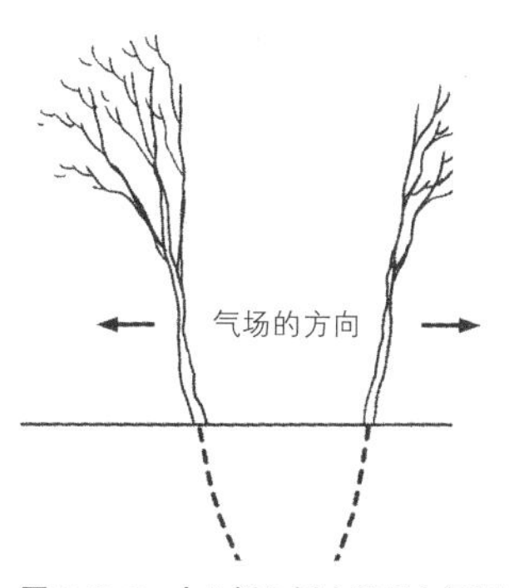

图 2-3-6 中心插入树木后反向气场变得安定

树相互背离的状态，如果在其间栽植树木就能变成安稳状态。气场的方向均朝向地面的同一点才能达到安稳状态。

2 利用气场的栽植

植物有正和反，这不仅指大乔木，中乔木、矮木（灌木），甚至较小的草本花卉也都存在，能把它们的气场展现出来，这是十分值得期待的。能结合其气场的方向、并将其完美的姿态展露在观赏者视线中的朝向为正面。如果赏园者看到园中栽植了能看到反面的植物，这种空间就会令人不爽快。

1）水边植物

樱花如果种在水边，如同 2-3-7 那样，枝干会自然垂向水面生长，这是自然规律，是最原始的自然状态。新栽种的樱花，即使特意向水面方向倾斜栽植以再现这种姿态，也完全展现不出樱花本身的自然特性。

图 2-3-7 水边植物

2）树木以群组方式观赏时

山林中的树木有其各种独特的表情。如图 2–3–8 那样有着向上生长的气场。这是由于树木根茎的轴线均朝向地面上的同一点，这种向心性让整体景观有安定感。依据这种自然规律去栽植植物，是获得绝佳均衡的植被环境的捷径。

3 建筑物的形态与树木的气场关系

像所有树木、石材有气场一样，建筑本身的形态也存在着气场。栽植庭院树木时，其气场不能与建筑的气场发生冲突（照片 2–3–1）。

建筑物的转角处有较强的场力，顺着气场流动方向栽种树木后，就能起到吸收场力的作用。顺着建筑物墙角突出的方向倾斜栽植树木，外露的枝叶让庭院形成自然的平衡感觉（图 2–3–9）。

在搭配栽植植物时，发挥好这种气场原理就能设计出被植物环抱的入口空间。要尽量避开树木之间的气场冲突，树的正面应朝向园路栽植（图 2–3–10）。

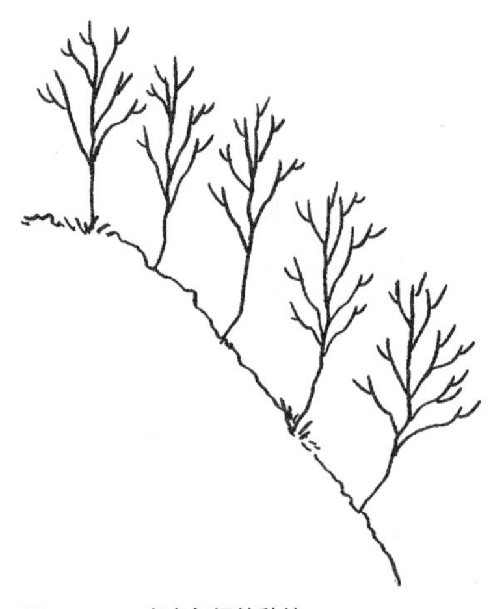

图 2–3–8 考虑气场的种植

照片 2–3–1 考虑气场的种植（图中箭头所指的两棵）

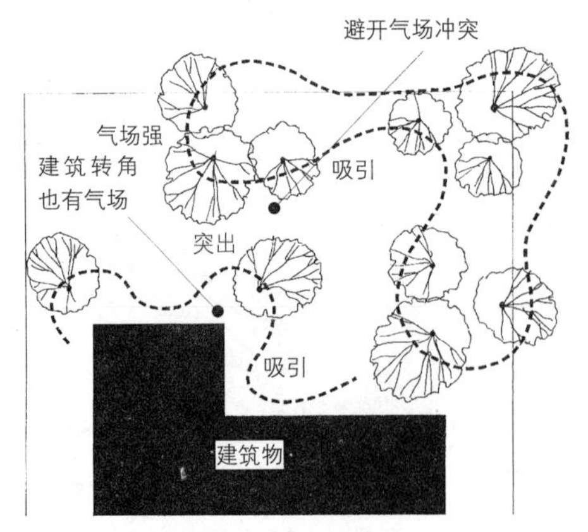

图 2–3–9 结合住宅形态和气场的种植

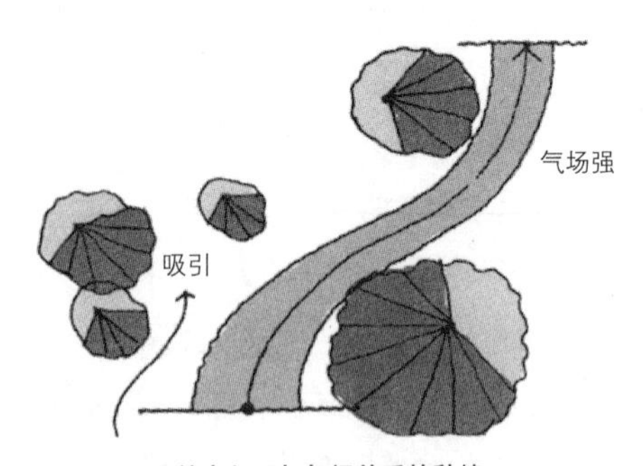

图 2–3–10 结合入口与气场关系的种植

2.4 植物的空间效果③

遮挡

削弱尺度感、创造纵深感

庭院中“遮挡”的目的和含义有很多。当然本意如字面所示，把不想看到的东西隐藏起来，让庭院看起来更美，但也有一层含义就是利用人视知觉中的错觉原理来有意识地突出庭院的宽广和纵深感。

1 遮挡的目的与效果

面积有限的户外空间内有各种不希望进入眼帘的事物，比如邻居家晾晒的衣物、空调室外机、轿车的背影等。这些都是借景中不希望纳入的景象。但是这些内容有生活感，很容易判断出空间的大小和尺度感，人们也很容易通过与这些空间的对比体验庭院的大小。而这种有现实感的信息映入眼帘，会无法让心灵沉浸到庭院空间的意境中来。如果利用植物将这些内容完美的“遮挡”起来，这种尺寸和信息消失后就不容易找到尺度感。做好这个基础再去构想庭院空间，能获得更好的效果（图 2-4-1）。

但要注意，此时如果“遮挡”行为过于明显，反倒会突显出要遮挡的物体，而把人的注意力引向那里。因此，让人无法察觉的遮挡手段就显得十分重要，让记忆中不会留下痕迹般的轻描淡写式手法要时刻挂在心上。

1）遮挡用树木的选择方法

一般用绿篱、针叶树类植物进行遮挡。希望冬季也遮挡的话，建议栽植常绿树木，并在其前种上开花类树木引开视线的注意力，以忽略常绿植物的存在。

2）遮挡与纵深感的关系

遮挡不想看或不想被看到的物体，其效果在于让它轻易地消失。眼睛看不到自

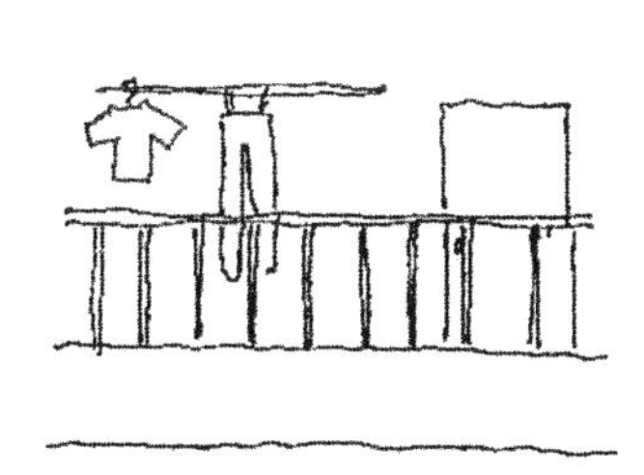

图 2-4-1 用植物遮挡生活用品

然各种信息就摄入不进来，极端地说就是单纯从表面无法判断是普通住宅街区还是高级别墅区。

遮挡的另一个效果就是防止不同风格的事物映入庭院影响庭院氛围。右面的三张图是完全相同场景的透视图。

图 2–4–2 能看到栅栏

图 2–4–2 中庭院的另一端有栅栏，栅栏后有人站着。图 2–4–3 用绿篱稍微遮挡栅栏，其前栽植了针叶树和大乔木。图 2–4–4 是把人和围栏彻底遮挡住以后，作为尺度参考的物体消失，完全无法推算空间的大小。

图 2–4–3 稍微遮挡栅栏

从图 2–4–2 到图 2–4–4，遮挡了谁都有体验和尺寸认知的栅栏及人后，人会失去尺度感，大小和距离都无法判断。这样距离感消失后，纵深感就突显出来。

如果在观察点到另一端之间设上障碍物（如图 2–4–3 中的绿篱、大乔木），则从障碍物到尽端的距离感就无法获取，于是出现了从视点到绿篱、再从绿篱到最尽端的两个层次的距离感，这会扰乱人的判断，无法感知到纵深度。如果在绿篱和尽端之间栽种其他树木（图 2–4–4 的针叶树），就会武断地认为“因为栽种了树木所以一定很宽阔”，甚至还会感觉纵深感加强了。

图 2–4–4 完全遮挡

人们希望庭院越大越好，但实际上庭院并非运动场，其能使用的面积意外地超出人们的想象而受到了限制。有很多能让视觉产生开阔感的手段，比如栽植几颗树木、放置金属栅栏等构造物或大花钵等方法，都能获得意想不到的效果。

2 遮挡手法的具体策略

人类并非视觉上吸收多少信息，就能同比率地看到多少。即使眼睛看到，大脑也有未被认知的部分，大脑具有选择想要看什么东西的本能。

进行绿化设计时可以利用这一原理，设置一些大脑可选择观赏的美丽物体、完美的树形、花卉、醒目的小品，隐藏不愿看到的物品，仔细斟酌各个物品的位置关系，就能营造出一个富有戏剧色彩的空间。实际上“遮挡”相当于“装作……样给人看”=“使……着迷”。

1）平面设计方法——入口道路设计

从院门沿着入口道路走到住宅玄关的这一段，如果进入院门后直接能看到玄关，就不会产生距离感。可以根据距离长短设置迂回路线，或者栽植上树木遮蔽视线、隐藏终点的目的地“玄关”（照片 2−4−1，图 2−4−5）。

2）立体设计方法——设置构筑物

用构筑物进行遮挡，从材质本身就能感受到遮挡的强烈度。混凝土墙、砖墙等重量感较强，因此，会给心理上留下“绝对不让看”的强烈印象，而绿篱等植物砍掉后就会消失，且风吹时的摇动姿态给人以柔美的印象。金属网格架等构筑物可透过金属网间隙，让景象若隐若现，在金属网上攀爬藤本植物后，不仅能够保证通风，同时若隐若现的部分让人感觉“多多少少有些遮蔽”（图 2−4−6）。网状物的特点是从一边能看到，而从另一边却无法看到。眼睛与网状物较近就能从网格间隙看到另一侧，而离得远的话，则网状物看着感觉如墙一般，如果上面再缠绕上藤本植物，整体看起来就如同植物墙一般。

照片 2-4-1　用植物遮挡玄关，模糊距离感

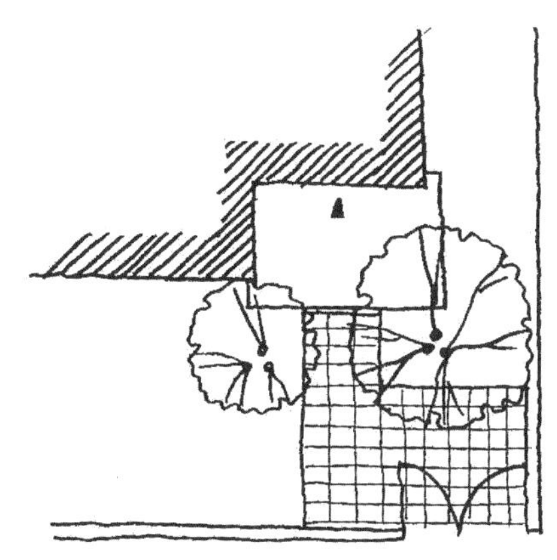

图 2-4-5　大门与玄关之间种上植物

3）用树木遮挡

利用树木遮挡时必须用三维的思考方法。大乔木高度大多都在 3m 以上，即使栽植时期较矮也要考虑其不断生长的特性。除了可以从立面角度进行遮挡外，还有遮盖的可能性，从自下而上的视线角度来说，就是遮蔽天空的遮挡手段（图 2–4–7），也可用于遮挡邻居的二楼视线。

树木的枝叶和金属网也有同样的特征。落叶树到了冬季叶子全部掉落后，遮挡的作用就会消失，细长的树木枝干远看就是一个整体，枝干之间几乎看不到任何东西。

图 2–4–6　格栅若隐若现的表现方式

图 2–4–7　树木是立体式遮挡的重要因素

2.5 植物的空间效果④ 遮盖

利用植物整合不同材质和空间

众所周知，利用屋顶绿化和墙体竖向绿化包裹建筑后，隔热性和居住性能都会有所提高，也可利用“遮盖”方法演绎出另一种新的空间效果。植物的树影能营造出绿荫空间；廊架、藤架能将外部空间变为内部空间元素；大乔木可遮盖庭院，创造出沉静的半室外空间；蕨类、大吴风草等植株的宽大叶面之下能培育喜阴的苔藓类、草丛类植物，它在守护了小动物的生息环境的同时，也给庭院营造出纷繁的生物世界。遮盖是整合和统一不同材质与空间的重要手法。

1 图与底的关系

丹麦心理学家鲁宾发表的“鲁宾之壶（鲁宾之杯）”中，如果以壶作为图认知时，其他部分为底，而以 2 个人的侧脸为图来认知时，其他部分就变为底。“图”是指作为图形被认知的部分，而此时背景部分就是“底”。不同的人对图和底有不同的界定。“图底反转图形”现象为户外环境设计提供了很多灵感。

照片 2–5–1 是某住宅入口通道。水洗豆沙砾地面上清晰地呈现出一条鲜明的步道。此时水洗豆沙砾地面是底，入口通道的步道是图。这是以清晰明确的方式把想完美展现的东西表达出来的案例。照片 2–5–2 是某出入口的照片，这里想要突出的

照片 2–5–1 图是步道，底是水洗豆砂砾

照片 2–5–2 底是步道，图是花草

是草本花卉，其间延伸着步道。此时底是地面铺装，图是草本花卉。用这种有意识的展示手法，明确了绿化和铺装的相互关系，使玄关前的入口通道在无形中具备了庭院式的设计感，而摇身一变成为魅力十足的空间。

2 遮盖的利用方法

植物是自然界的产物，有复杂的形态，是永远不会停止生长的有机物质。人看到植物自然会产生安静休息的感觉。植物本身也具有包装不同材质以展现相同的季节表情、同时协调周边环境的能力（照片 2–5–3）。

1）利用植物的遮盖来协调不同种类的材质。

这是利用周边树木、苔藓类植物遮盖石质洗手钵、石灯，从而使庭院达到整体协调统一的手法。此时，石质洗手钵和石灯这一类坚硬材质被苔藓类植物遮盖后，与周围环境融为了一体（照片 2–5–4）

2）植物遮盖可缓解压迫感

照片 2–5–5、2–5–6 是从道路上到玄关地面，因距离建筑较近而无法确保台阶宽度的案例，这种极端状况可以利用植物的遮盖来加以缓解。因陡坡导致踏面宽度变窄的状况通常都会产生压迫感，可以用强调水平线的方法将台阶加宽，然后，人步行的部分粘贴瓷砖。其余部分保留土壤层，并种上草本花卉。台阶被草本花卉遮盖后让人感觉如同在花田中散步一般，惬意的心情盖过了台阶尺寸的紧蹙感。另外，做成阶梯状后，从道路一侧也可欣赏到花卉，还能给路上行走的人们带来愉悦。这是最有效地利用草本花卉进行“遮盖”的案例。

照片 2–5–3　用大乔木遮盖出绿荫空间

照片 2–5–4　用植物遮盖达到协调

照片 2–5–5　陡坡台阶

照片 2–5–6　踏面保留土壤种上植物

2.6 植物的空间效果⑤

陪衬与背景

突显主角的植物

树木既能以观赏植株本身出现，也可以运用“陪衬”与“背景”手法突出景观小品、日式空间中的石灯或石质洗手钵。

现代住宅中，让功能性门柱、长椅以更美的姿态展现出来的不可或缺的手法就是植物的陪衬与背景（图 2–6–1）。

1 陪衬与背景的概念

“陪衬”也可称为序曲，是在主体植物或者作为主角的小品的前面以排列、填补方式栽植小型树木。其大小及树木品种需平衡与主体物之间权重关系来确定。

“背景”是作为主体物小品的背景使用，置于后方只能看到局部的树木称为“背景树”。

讲述日本传统造园技法的《筑山庭造传》（北村援琴著）一书中也记载了“茶庭定式蹲踞之居方”，并以图解方式展示了围绕着石手盆与石灯，后有“背景树”，前有“陪衬”植物（图 2–6–2）。

图 2–6–1 门庭设计中陪衬与背景的植物手绘

图 2–6–2 陪衬与背景植物（引自“茶庭定式蹲踞之居方”）

2 运用陪衬与背景设计手法的实际案例

照片 2-6-1 是院门前为陪衬用的矮木（灌木）、院门后是背景树的案例，整体给人轻松愉快的印象。

照片 2-6-1　运用陪衬和背景设计手法的施工案例 1

照片 2-6-2（右）是兼具门牌、门铃、信箱功能的原始功能性门柱，改造前（左）是个格子状栅栏，孤零零地放置于门口而与庭院格格不入。改造工程中，把杂乱无章的门柱换成了小枕木，在前端种上多年生草本植物，后部放置了栽有常绿植物的花钵，运用陪衬与背景的手法打造出光影与纵深感。陪衬和背景中使用的人工材料通过木头、草本花卉、树木融合到环境中，突显出主体的存在，是有特色的归拢空间手法。

照片 2-6-2　运用陪衬和背景设计手法的施工案例 2（左：改造前、右：改造后）

2.7 植物的空间效果⑥

若隐若现

移步换景

入口是从脚踏入居住用地开始到步入玄关打开大门为止的这一时间段上，满怀期待和激动的心情行走的散步路，这种空间一般使用植物的“若隐若现”设计手法。若隐若现的技法不是采用完全封闭的方式，而是在目标物前栽植植物，或者在种植箱内种上季节性花卉，透过细小枝干和花卉的间隙隐约能看到对面，但却不能完全看清楚的“模糊”手法。是人在行走过程中风景随之改变（也称为移步换景）的动态设计。

1 外部视线的若隐若现

1）沿道路栽植起遮挡作用的植物

这是沿道路一侧不设较高的院墙，而是利用植物稍作遮挡的方法。在用地的边界部位以混植的方法栽植植物，利用针叶树和落叶树的搭配混合营造出若隐若现的感觉（图 2–7–1）。靠近植栽的中心部位栽植针叶树 A，其周边以不等边三角形种上落叶树。

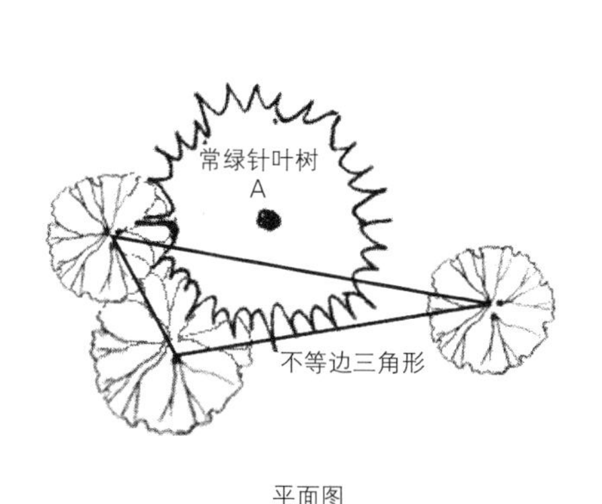

平面图

立面图

图 2–7–1　用针叶树与落叶树的组合体现若隐若现

2）用移步换景设计的若隐若现道路

从院门到玄关的道路应该是用于提示人们通往目的地“玄关”的，可利用正面的景观树做引导，一个接一个地跟着导向树绕行，边欣赏边走到玄关。这种设计手法使目的地在树木之间若隐若现，让入口通道充满了神秘感和季节情趣（图 2–7–2，照片 2–7–1）。

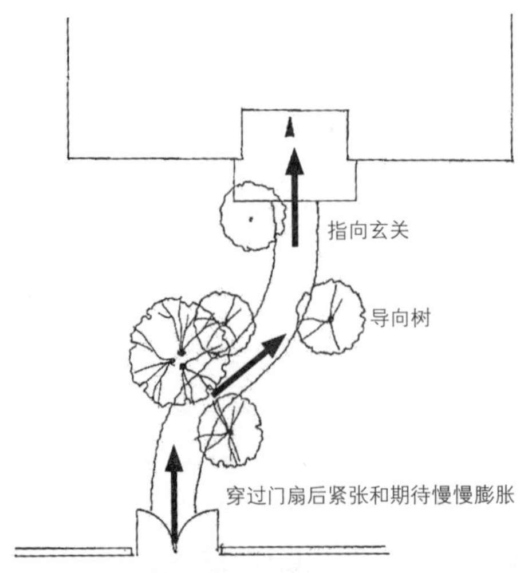

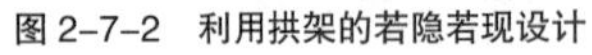

图 2-7-2　利用拱架的若隐若现设计

照片 2-7-1　入口通道若隐若现的处理

2 不经意地遮挡

1）确保与相邻建筑的私密性

位于城市街区住宅的厕所和浴室窗户经常有临接道路的情况。虽然窗户是不透明的，不必担心看到内部，但是到了夜间就会被一览无余。而用于遮挡的封闭围栏又破坏街区景观，这时可以选择栽植植物的方法，这不仅能起到保守私密性的作用，也能让道路一侧的景观变得美丽，同时，从室内能看到树木摇曳的姿态，起到舒缓心情的作用（图 2-7-3）。

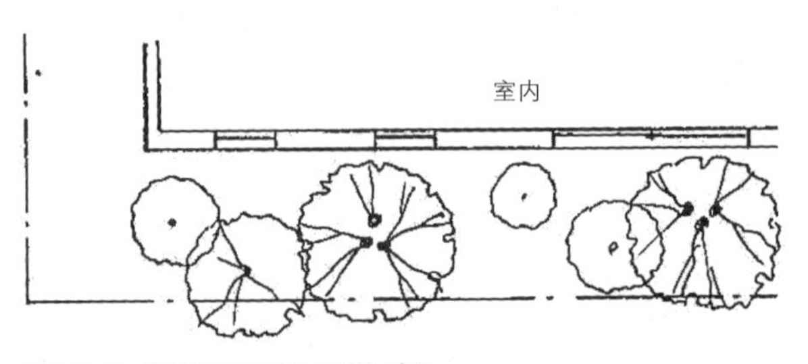

图 2-7-3　面向通道的窗边用植物遮隐

2）方便而不显眼的自行车停车位

如果自行车停车位置设在使用不便的场所就无法发挥其长处。但要是放到方便的地方又会使空间显得杂乱。如果用与门柱同样的形式做成半围合状，以若隐若现的手法就能解决这一问题（照片 2-7-2）。

照片 2-7-2　自行车停车场的若隐若现处理手法

2.8 植物的空间效果⑦

隔景

不用构筑物而用植物界定边界

对不同功能的空间加以分隔的方法叫“隔景”。如果用构造物作分隔，用地就会有拥挤感。从通风角度来看，也会影响到植物的生长环境。

可以考虑一种分隔感觉不强烈的领域分隔方法，即利用植物作分隔。植物的密度和高度能表现出强弱不同的分隔状态。用绿篱做完全分隔后，在其前面放置一钵盆栽植物，不仅划分了空间，也迎合了空间氛围。

另外，植物还有一种作用，就是在实际效果上起到分隔作用，但由于它能与周边的景色融为一体而让人不易察觉出明显的区域分隔。植栽的高度、厚度、栽植树木的类型等都是构筑物无法表现出来的隔景方法。

1 完全隔景

1）多层次隔景

用绿篱作隔景不仅要考虑功能性，还必须照顾到四季丰富的自然变化。另外，绿篱长大后根茎部位会露出枝干，野猫等很容易窜进去。此时，可以改变高度、增加厚度，其前种上矮木（灌木）、草丛等植物使其变为多层次的隔景，并摇身一变成为富有季节感的观赏庭院（图 2–8–1，照片 2–8–1）。这一设计也能为街区增添绿意，具有提高环境价值的作用。

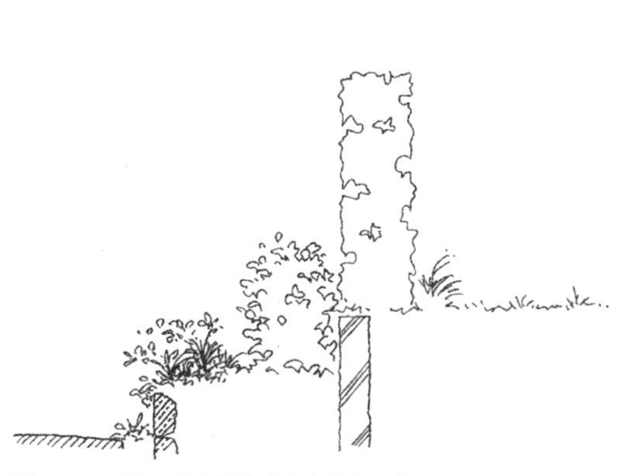

图 2–8–1　用 4 层种植方法作出的多层次绿篱

照片 2–8–1　色彩随季节变化的案例

2）用宽阔的地被类植物做隔景

图 2-8-2 中，看起来好像是植物仅仅平摊在地面上，但由于栽植的是不可踩踏的草本花卉，阻止了人们踏入，达到了隔景的效果。

图 2-8-2 用地被类植物分隔

2 宽松的隔景

1）不同风格的隔景

如果主庭院中兼有日式和欧式两种庭院风格，可在两者之间的交接部分筑起一道山丘，就能起到分隔空间的作用（图 2-8-3）。

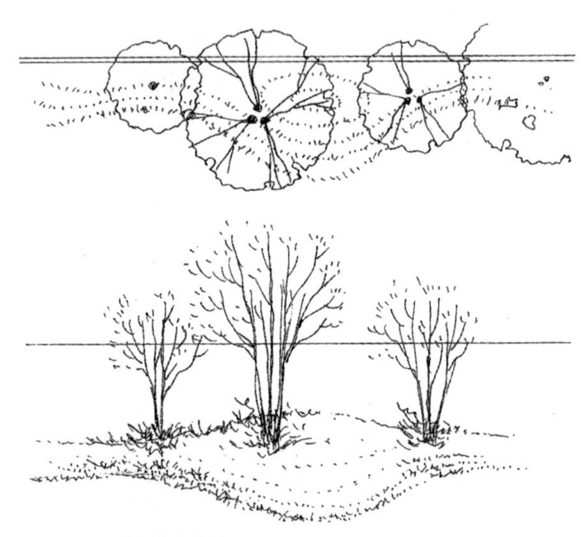

图 2-8-3 利用筑山分隔

2）运用景观树木明确所有的区域划分

把各个功能区的交界区域都分得清清楚楚反倒让人感觉无趣而生硬。树木按照一定的序列栽植，不仅可以作为风景来观赏，而且在空间功能上也起到了隔景的作用，这种设计手法让隔景具有设计感的同时，也能表现出季节感、纵深感，在庭院景观设计中十分有效果（图 2-8-4）。

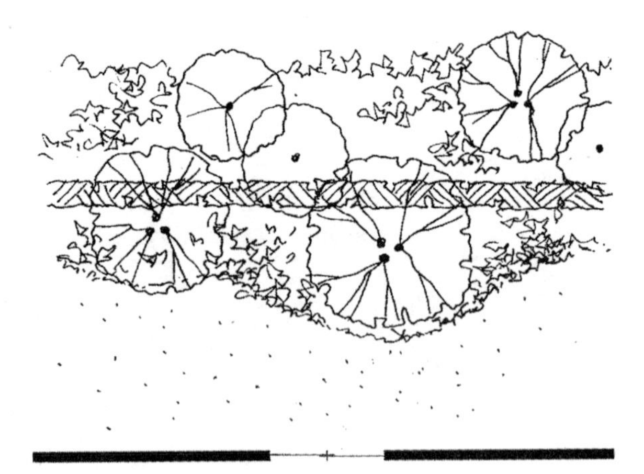

图 2-8-4 借用景观树木分隔

2.9 植物的空间效果⑧
设置“凹”空间

有效运用凹空间（alcove）营造舒适空间

1 用凹空间营造安静隐蔽的居住空间

凹空间（alcove）是指房间或走廊等的墙面部分退后形成凹状的区域。设置凹空间的主要目的是把均匀、纵长的空间分段后，创造出符合人体尺度的舒爽空间。

户外环境中当然可以借用这种凹空间设计主庭院。另外，在天井或服务性小院、政府与民间用地的边界区域等，也有不少利用这种凹空间的设计。

1）边界分隔墙上设置的凹空间

将单调的分界围墙分段后，嵌入凹空间并放置庭院的主雕塑，周边栽植树木衬托出此空间（图 2–9–1）。虽然手法极其简单，却能丰富单调的墙壁。凹空间的位置还能成为住宅内部空间的视线焦点。

2）运用绿篱的凹空间

如果空间较宽裕，可以让绿篱呈凹陷状栽植，形成凹空间。其间再放置长椅，就成为庭院中特殊的观赏之地。这个长椅既是象征性设施，也具有落座休息的实用价值，是一个能放松心情的隐蔽空间。这种设计不需要多余的构筑物，既省钱又省力（图 2–9–2、2–9–3）。

如果用大乔木来组合搭配，还能营造出远近层次感。

图 2–9–1　在分隔墙上设置凹空间

图 2-9-2 用绿篱做出凹空间的平面

图 2-9-3 用绿篱做出凹空间的立面

2 用围墙做出凹空间

将围墙以 S 形砌筑，无论从道路一侧还是从住宅一侧都能形成凹空间（照片 2-9-1）。凹空间内栽植植物、或者摆放些花盆、花钵之类的摆件，内外都能产生韵律感，即强调设计感也给人留下深刻印象。这种构造还是抗震较强的一种围墙结构。

照片 2-9-1 用 S 形围墙作出的凹空间

2.10 植物的空间效果⑨

框（夹）景

利用框（夹）景呈现美景

人们看到的景物不会均等地留在记忆中。正如“吸引视线”所说的，即便是同样的美景，是戏剧性地偶遇还是漫不经心地观赏，刻入脑海中的记忆是不同的。

建筑中有大型落地窗的设计手法，在房间内“需要美景”的地方设置固定窗（FIX 窗），室外的美景便可尽收眼底（图 2-10-1）。外部空间亦是如此。在风景的两侧栽植树木，用强调的手法将美丽的风景纳入眼帘，赋予了期待、拓展视野、感动心灵。

1 何为框（夹）景

把观景效果好的场所作为借景利用到庭院设计中。“框（夹）景”就是一种隐蔽不愿被人看到的部分，突显出想看到的景观的设计手法。

例如，每天早晨醒来，睁开眼的瞬间看到的是一颗美丽的树木，一天都会有好心情。坐在不会有偷窥担忧的窗前，看着被季节感包容着的满眼绿意，那是一种无法描述的惬意生活。

将绿意为己所求地纳入进来，虽是一点小小的用心却无需过多的花费。空旷蔓延的土地上不可随意栽植树木，应把握好“框（夹）景”、“活灵活现”，这十分重要。

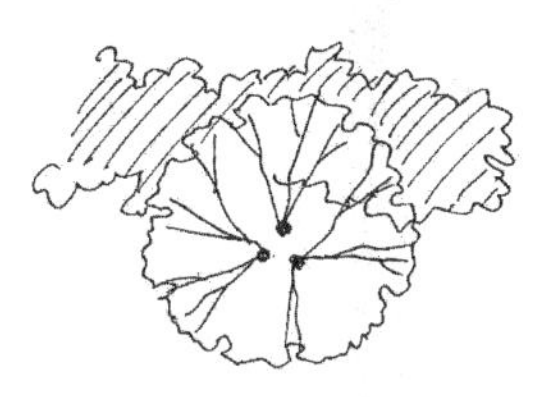

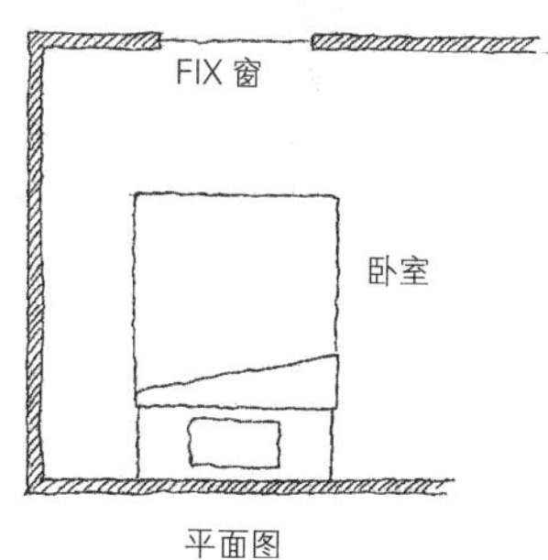

平面图

立面图

图 2-10-1　室外树木布置图及室内一侧的鉴赏方式

2 框（夹）景方法

1）美景尽收眼底的期待感

如图 2-10-2（上），用绿篱和树木框（夹）景后，突显出来的对面山景，虽然不属于自家的领地，却恰如自家庭院般地尽收眼底。

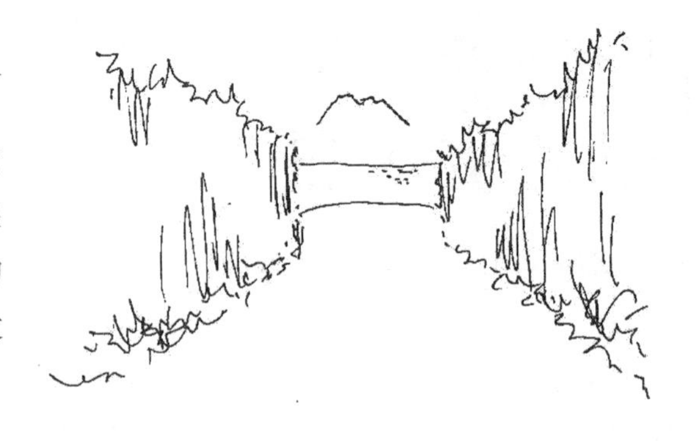

2）隐蔽不愿看的，强调愿意看的

如图 2-10-2（下），在远处空间（此种情况是海）与不愿看到的近处空间之间，栽植起过渡作用的树木。用树木做边框突显出大海的景色。

图 2-10-2 用树木做边框，框出风景

照片 2-10-1 是京都南禅寺庭院中的石景，从石头的圆形洞口能窥视到庭院的池水和周边鲜艳的红叶。从这里映出来的世界与周围的光景迥然不同，把池水和枫叶纳为“框（夹）景”，有着自我独赏的妙趣。

照片 2-10-2 是为了让周边邻居看到入口花坛内栽植的花卉，用框（夹）景的方法设计的门庭照片。门两旁的墙壁遮挡住庭院，确保私密的同时突显出美丽的花卉，让来访者充满了期待和憧憬。

照片 2-10-1 从南禅寺的窥视孔洞中看到的枫树

照片 2-10-2 门垛墙上的孔洞框出花坛内的植物

2.11 植物的空间效果⑩
悬挂

空中花坛般的吊篮

日本自古以来就有一种被称为“钓忍（将骨碎补草的根茎编成各种形状，夏季悬挂在房檐下以增加凉意－译者注）”的挂件，它是将圆盖阴石蕨植物呈环状栽植在月牙形或船形器皿中，器皿下端绑上风铃后悬挂起来赏玩。垂吊植物可以让人在正常视线高度上观赏到季节性花卉。再小的物件，只要稍加装点也能平添出几分情趣，具有戏剧性的效果。

1 运用吊篮的设计

1）吊篮的位置

保证吊篮内的植物有充足的日照，这是最基本的条件。日照时间一天最少要保证5~6小时。另外，必须避开强风。还有可能从室内角度去观赏，所以室内一侧的观赏方式也不可忽略。朝向最好是南向或东向，如果植物选择好的话，北向也不会有太大问题。悬挂高度要比视线高出20~30cm，这是最佳的观赏高度。如果悬挂太高，会出现观赏不到、易忽略害虫、不易浇水、施肥等问题，要引起注意。

2）吊篮设计的注意事项

设计的基本要点是要展现出季节变化。在正月、圣诞、暑假等时节装点节庆用或季节性的植物，生活就会充满季节的色彩，空间也变得富有情趣。家用吊篮因尺寸受到局限，故不建议使用多彩植物，可用某一主题色调来配合整体色调，最终达到和谐统一。要注意周围环境的色彩和材质。吊篮中栽植的植物，无论是花卉、叶、蔬菜还是野生花草，其种类要尽量集中且有特色。另外，除对玄关周围、栅栏等的设置场所、居住方式等内容要综合考虑之外，还要协调好它们与周边环境的均衡关系。

3）吊篮类型

吊篮有纵长、横长、球形等，应结合装饰空间、观赏方向去选择相应种类。在道路一侧悬挂时，由于无法从正面的角度去观赏，因此，建议结合行人的步行状态，以各个角度观赏的方式来设置。

吊篮的材质有塑料制镂空吊篮（上部和侧面均可栽植），红土陶器（仅能上部栽

照片 2-11-1　挂在墙上的塑料吊篮

植)、木制种植箱（仅能上部栽植)、金属丝制（铺椰壳垫，上部和侧面均可栽植）等，应结合空间设计风格选择相应的类型（照片 2–11–1)。

2 吊篮的制作方法（以塑料制镂空吊篮为例）

镂空吊篮是将花卉的根茎横向插入镂空处栽植。栽植前应先设计好整体方案，下段的镂空处放置的主花卉应正面朝外，然后，从整体植物的平衡关系逐一栽植植物。

操作步骤略述如下（图 2–11–1）：

①花钵底部泄水口上放置钵底石；

②装入约 3cm 厚的营养土；

③将花茎根部朝上部位的泥土抖落掉一些；

④从上部将花插入到花钵的镂空部位进行栽植；

⑤下段栽植完成后，在植株的空隙间放入营养土压实；

⑥营养土填实后，中段依据同样要领栽植；

⑦上段栽植完成后调整整体平衡；

⑧最后铺上防止干燥的泥炭藓。

此后充分浇水并在阴凉处放置 2–3 日。

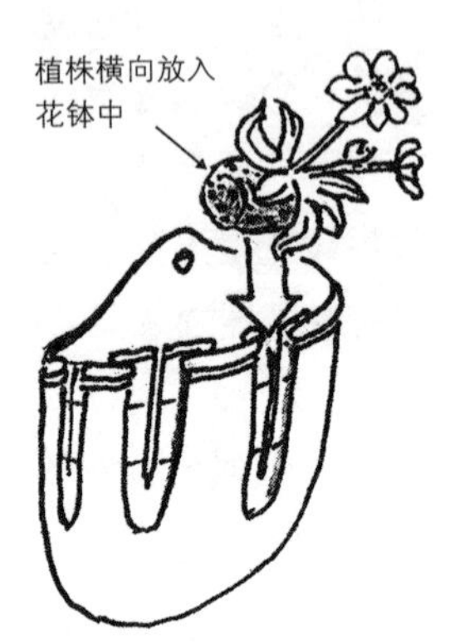

图 2–11–1　吊篮制作概况图（栽植花卉植物的图例）

3 吊篮的管理与注意事项

1）吊篮的优点与缺点

吊篮可以装饰空间，发生病虫害的概率也较小。可随意搬动，较适合无宽大庭院的日本人的居住现状。与地面栽植或种植箱栽植不同，它有吸引眼球、欣赏满眼花卉的情趣。只要在植物的栽植方式上稍加用心，就能创造出变化万千的样式。如果管理得当，可保持几年。庭院中如果有多个吊篮，也可以轮换摆放、变换情趣。吊篮的存在感较强，哪怕仅有一盆也能成为观赏点（照片 2–11–2)。

缺点是栽植环境较小，水分易枯竭。

2）管理

土壤表面干燥后应浇透水分，施肥时，因固体肥较易流失，建议 1 周至 10 天左右施一次液态肥。要勤摘除干枯的花梗。

照片 2–11–2　以非洲菊为主混植

2.12 植物的空间效果⑪

围景

有效的围景能提高空间的舒适度

1 围合空间的品质

园林景观学家 J.O 西蒙兹说过："空间因围合而出现。围合方式（形态与材质）决定了空间的品质"注1)。纵横交错的方孔竹篱笆可透过方孔看到对面的轻度围合，而城墙则是一种戒备森严的围合。"围合"不仅为明确空间领域而存在，也是人们精神寄托的场所。

人会本能地将围合空间作为居所。建筑中设置的凹室（凹空间）、茶餐厅中把背靠墙的座位让给女性，这些都是因为围合能给人带来舒适的感受。庭院也同样，刻意设置的围合空间自然就变成心情舒畅的空间，这种空间映入视野不仅让人产生舒适感，也会对整个庭院有好印象（图 2–12–1）。

西蒙兹也说过："立体围合程度不同，空间本身的体量感会发生变化"。即便是狭小的用地，也可用植物遮挡住围合之外的空间，其内部就会有别有洞天的感觉。

2 围景案例

所使用的材料、围合密实度及高度不同,对"围景"的印象也会不同。因此,要针对不同目的采取相应的设计。木栅栏、绿篱等属木质系列，能给人亲切感、提高舒适度。

1）庭院背景用的木栅栏

最近，木栅栏倍受青睐的原因是它围合出的空间不生硬，与远景及街景都比较协调，同时，与植物相融而自然而然地成为庭院中的一员。位于南侧庭院的围合设计要注意通风、日照方向。照片 2–12–1 的案例中，光和风是主要设计因素，因此加大了木栅栏的间隙。

2）确保私密的围景

通常朝南的客厅对面是邻家的北侧（背面）。因而使每天总是生活在透过客

图 2–12–1 围合方式决定空间品质

照片 2–12–1 用木栅栏"围景"

厅就能看到邻家的挡土墙和砖墙的空间中。

此种情况可以在邻接用地的边界上设置遮挡密度较高的木栅栏（照片 2-12-2）。用地边界会因基础原因需退后 40cm，但用地内的木栅栏能明确界定自家宅地的领域范围。明确了自家宅院，自然就会有安心感。

3）划分功能区的轻度围景

庭院较大时，要结合功能做适当的区域分隔。照片 2-12-3 是用枕木骨架和铁丝网围合的案例。铁丝网栅栏的轻度围景，让空间在视觉上具有连续性。

4）与建筑一体化式的围景

围合用的材料可选用与住宅外墙相同的材质和纹理，从远处观看，围合物就像是住宅的一部分。一方面，步行者的视线被遮挡住，另一方面，由于室内地面较高，故不会影响到观察街道的状态（照片 2-12-4）。

5）用绿篱围景

很多地区在建筑规范中就规定了沿道路一侧的围合物必须使用绿篱，用绿篱围景的详细内容参见“1.7 设置绿篱”（照片 2-12-5）。

注 1）约翰、奥姆斯、西蒙兹 / 巴利 .W. 斯塔克著、都田徹、Team9 译《景观设计学》，鹿岛出版社，2010 年

照片 2-12-2　围合邻居的背面

照片 2-12-3　金属网围墙

照片 2-12-4　与建筑一体化式的围合

照片 2-12-5　绿篱连续设置美化街道

2.13 植物的空间效果⑫
透景、连景

用门洞分隔和连接空间

1 门洞的作用

让狭窄的庭院产生宽阔感的一个有效方法就是借用门洞分隔空间。门洞有砖、混凝土、木材等材质，因此，应结合与住宅的协调性、庭院的设计及规模来确定材质和构造（对象空间的遮挡程度、通透感等）。

门洞的另一个作用是“透景”，这种行为能给人以心情高涨和神秘感，会获得更多乐趣。自古以来，寺院的门、神化的牌坊、日式庭院的庭院门等都是最常见的“透景”元素。茶室中狭小的出入口是最原始的门洞形式，它作为两个领域的分界岭，需要低下头才能进入到神圣领域，是让心灵预备转换的媒介场。它不像墙体和院门那样将空间完全隔开，“透景”本身是可进可出的模棱两可的行为，但是，空间的领域划分却很明确，让人在意识上有明确地跨入到另一空间的认知。

挂在神殿前表示禁止入内的稻草绳就是一个典型的例子，草绳的柔软材质清晰地把神的领域和现实世界分隔开来。划分领域后，人们就感觉到，A 领域的面积 +B 领域的面积而得出的整体 C 的面积比实际大一些。由于无法掌握整体空间尺度，所以，只能靠 A 的面积 +B 的面积来推算，这扰乱了人们对整体面积的真实判断。

2 门洞的设计案例

1）界定空间领域的门洞

照片 2−13−1 是建筑与邻接用地退后以后，将宽度仅剩 1.2m 左右的过道设计成庭院的案例。狭窄的庭院以树木的枝干作为两个领域的划分标志，创造有纵深感的空间。庭院深处的种植箱与树木形成了门洞的框架，顺着两个方向视线会扩散开，空间也就变得丰富多样。门洞也具有了界定空间边界的作用。

2）门柱式门洞

欧式住宅的门柱最为常见的是以植物做成门洞状的方式。照片 2−13−2 的案例中，用枕木材料搭建成坚固的门洞，门洞上部盘绕着植物，门洞周边略暗，营造出紧张感；远处则设

照片 2−13−1　通道变庭院

计成明亮开阔的形式，成功地演绎出像电视剧一样的画面。院门两侧的金属丝网格上缠绕植物后，就变成遮挡玄关的幕帘。门前放置的栽有木菊的种植箱与放在门旁花台上的小种植钵形成对比，强调出远近感，使玄关周围狭窄的空间变得丰富多样。

3）欧式庭院、日式庭院的衔接

日本住宅中，客厅旁边是日式房间的案例居多。因此，理所当然就希望客厅前面是欧式庭院，而日式房间前面是日式庭院。但是，单纯日式和欧式并列放置，怎么都会给人以不协调感。可以像照片 2–13–3、图 2–13–1 的住宅那样，在两个区域的交界处设置木质框架的门洞。欧式庭院的背景用金属网格架，日式庭院的背景用横向穿插的木质藤架。将来格架上爬满植物后效果会更佳。

照片 2–13–2 植物点缀的门洞

照片 2–13–3 用门洞连接日式庭院和西式庭院

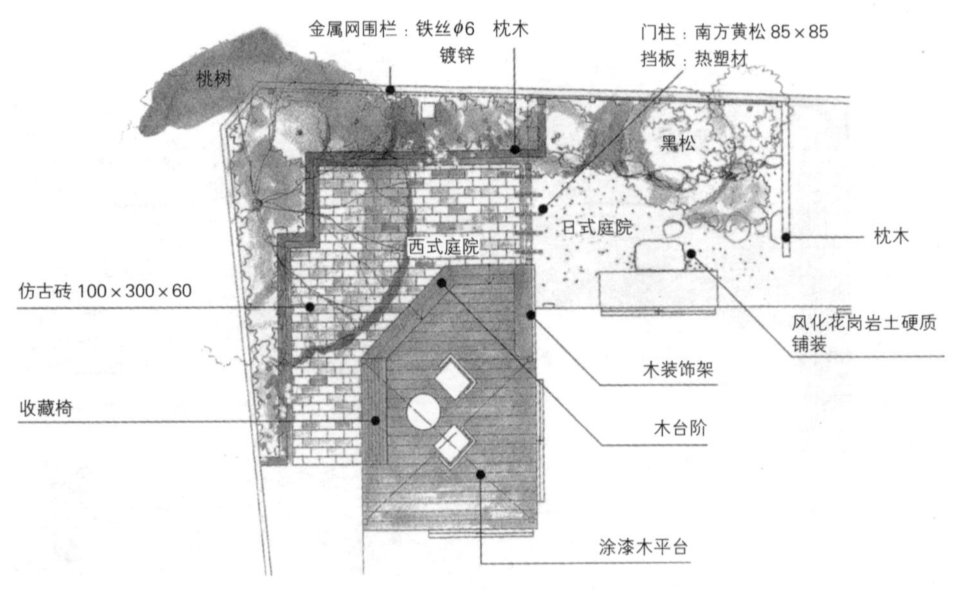

图 2–13–1 平面图

2.14 植物的空间效果⑬
呼应

分散重点要素，保持整体统一感

1 “呼应”是什么

在进行户外环境绿化设计时，往往会想把四季盛开的各种花卉都栽植到有限的庭院中，这种心情可以理解但并不正确。植物种类过多实际上是无法做到统一。拿服装来说，上身是单色格纹上衣，下身穿着水珠花纹裤子，头带布帽子，整体来说会给人平衡失调的感觉。

将重点强调的要素打散，形成整体统一感的设计方法就是“呼应”。

2 “呼应”的设计技巧

植物的“呼应”设计手法以图 2-14-1 来说明。树种 A 种在玄关前显眼的地方，同品种树木栽植在主要庭院中，体现了整体的统一感。此时，要注意调整好树木的大小规格及与建筑的远近距离。如果同一时期花卉能同时盛开，则效果更明显。树种 B 具有收拢和陪衬 A 的作用，同一种常绿树贴近栽植，更能强调 A 的作用。

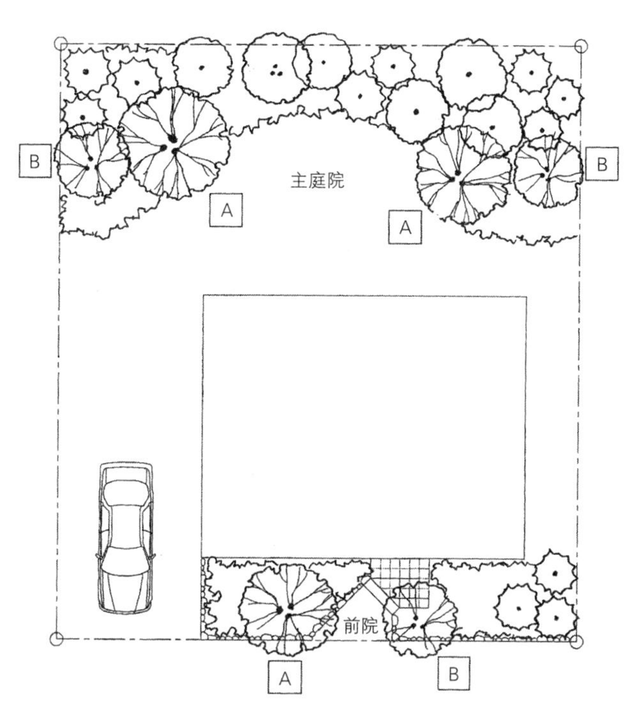

图 2-14-1　庭院树木 A、B 种植在前庭与主庭院中给人统一的感觉

1）利用户外金属构件演绎“呼应”

户外环境的院门、栏杆等金属构件大多不属于住宅设计范畴，这时，如果把院门的风格样式与住宅阳台上的金属扶手、栏杆等统一设计的话，不仅能让整体协调统一，也能强调出居住风格（照片 2–14–1）。

照片 2–14–1　金属物件的呼应设计

2）入口通道的地面铺装与主庭院中的露台形成呼应式统一

入口的地面铺装样式和材质做成有特色的设计，这种特色同样用于主庭院的露台空间中，局部采用的“呼应”设计手法让居住空间作为一个整体，完成了一体化设计（图 2–14–2）。

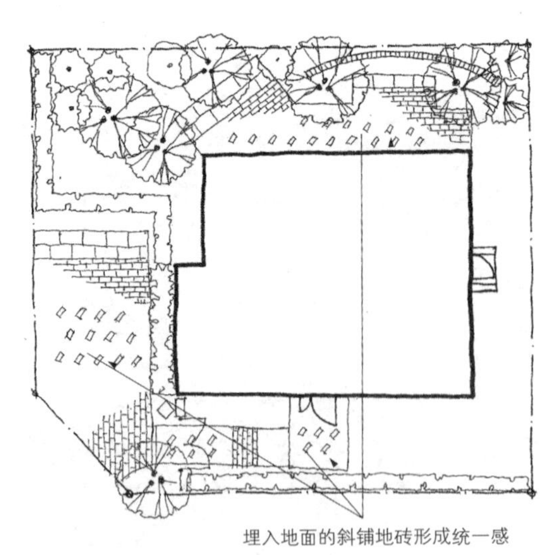

图 2–14–2　铺装材料的“呼应”设计

第三章

各功能区绿化设计的基本原则

长野·奈良井宿民宅　孤植树印象深刻

3.1 门庭设计与绿化

门庭绿化决定居住风格

门庭设计是决定住宅整体形象的关键，它是对外的“脸面”。住宅内部庭院也会受到门庭植物的影响。最近经常看到不设院门的开放型住宅，但是，无论有无院门，即使是再小的空间也应仔细推敲绿化设计，最好能让来访者感受到公共和私密空间的领域分界。

1 门庭植物

全部使用落叶树，冬天就会感到凄凉，最好是常绿树与落叶树组合搭配。另外，像水杉和乌桕这种常用于行道树中的大乔木将来会长得非常高大，在住宅中应避免使用。院门一般都面向道路，从街道景观角度考虑，最好栽植能告知季节的开花植物（绣球花、紫薇、垂枝鸡爪槭、蜡瓣花等）。

门庭的绿化应注意以下几点 ：

①应结合与建筑的协调关系、树形、植物的体量感等因素，选择相应的树种。

②远景要考虑街道景观，植物的搭配应保证街道的一侧也具有观赏意义。以人的视线高度能留下深刻印象为标准，对近景进行绿化设计。

③结合季节表象，常绿树木与落叶树、矮木（灌木）、草本花卉等的搭配组合应随四季变换有不同观赏乐趣。

④有很多院门处于建筑阴影内的情形，此时，应选择耐阴树种（喜阴树）。

⑤大乔木的主干部分往往给人孤零零的感觉，可利用中乔木、矮木（灌木）、地被类植物、草本花卉等的组合搭配来调整整体平衡感。

⑥应遮挡步行者的视线，确保居住的私密性。

2 结合院门风格搭配栽植植物

院门因住宅建筑风格及居住者的喜好而有差异。现从以下 6 个案例来阐述门庭绿化设计时，必须考虑的几个方面 ：

1）园艺情趣的门庭

照片 3-1-1 是主人喜爱园艺的住宅门庭。门柱为木头材质，门两侧的格架上攀爬着铁线莲等藤本植物。格架上装饰吊篮，前面放着迎接宾客的长椅，门柱后端设置木质院门，形成了有空间感的门厅。这一案例完全依照居住者本人能自娱自乐和维护管理的标准建造，但要注意不要做得过于琐碎。

2）自然风格的门庭

照片 3-1-2 是偏向自然风格的门庭。门柱和花坛用天然石材砌筑，景观树木栽植的是鸡爪槭。用自然材料做统一，树木也用自然风格的植物相呼应，切记要确保自然的状态不被破坏。自然风格的门庭很容易让人产生杂乱感，而此案例中，将叠石整齐地砌筑成花坛，让整体有了规整感。

3）日式风格的门庭

照片 3-1-3 是日式风格的门庭。通常门冠树木都会选用松树或罗汉松等植物，倾斜的枝干恰好遮盖了院门的空间。树木通常都会剪枝、修剪成型。遮盖的树冠形成阴影空间，展露出日式风格的沉静氛围。如果再种上梅花、皋月杜鹃类、杜鹃花类等开花树木，就能表现出绚丽的季节感。

4）新日式风格的门庭

照片 3-1-4 是新日式风格的门庭。树种不局限于日式风格，以住宅整体的协调感为首选。这一案例中，用常绿阔叶树和落叶阔叶树营造出纵深感，超过住宅屋顶的高大树木让人感觉仿佛置身于大自然的怀抱中，安宁而沉静。

照片 3-1-1　园艺情趣的门庭

照片 3-1-2　自然风格门庭

照片 3-1-3　日式风格门庭

照片 3-1-4　新日式风格门庭

照片 3-1-5 用植物做成有大门感觉的门庭

照片 3-1-6 开放式门庭

5）用植物做成大门感觉的门庭

照片 3-1-5 中，将造型独特的松柏作为景观树，以 3 棵一组和孤植的方式分别栽植在门柱的左右两侧。松柏类树木的树形有简洁易辨识的特点，落地栽植时，脑海里要留有其长大后会变得高大的概念。

6）开放式门庭

照片 3-1-6 是狭小用地的开放式住宅案例。用地内未设门柱、院门，而在兼做停车位的入口通道旁的狭小场地内设计了岩石园，以住宅的白墙作背景，栽植了橄榄树。狭小用地内的花园设计尽量小巧、简洁。

3 各种用地条件的设计

1）无院门的场地

没有院门的玄关门庭在空间上没有明确边界，很容易出现模棱两可、随意自由的感觉。即使再小的空间也不能遗漏植物的设计。这里栽植的植物最好是让街道上行走的人们也能观赏的品种。可以把重点放在种植箱式的绿化设计上，种植箱的选用要与住宅及周边环境既能相互协调又具有个性。与街道距离较近的入口，把门柱、栅栏的费用转到植物栽植上，就能营造出绿意盎然的空间（照片 3-1-7）。停车位、入口空间的设计也要用心，让其乍看如庭院般美丽。

不设院门自然扩大了停车位的面积，因此，地面铺装样式的设计就很关键。车驶离后，停车位和道路会融为一体，能吸引很多人的注意。若想弱化停车位的面积，可以像照片 3-1-8 那样，在确定车档位置后，将车后轮

照片 3-1-7 没有门庭的功能性玄关门庭

照片 3-1-8　车挡之后的空间变成花坛

照片 3-1-9　停车空间的内侧放置长椅

之后的空间设计成花坛，地面的铺装面积就会相应减少。如果一辆车的空间按宽 3 米 × 长 6 米来计算的话，花坛可以占据其中的宽 3 米 × 长 1 米，约 3 平方米左右的面积。这可算得上是狭小用地内珍贵的绿化空间。如果道路宽度足够的话，地面铺装材料的范围可不必做得太明确，可以栽植一些地被类植物做成植物路面来提升亲和性。用地砖、板材铺砌的路面，纹理和拼贴样式最好与地被类植物进行组合设计。如果在这个空间的尾部再放上长椅，无车时就变成一个美丽的宅前花园（Front Garden）（照片 3-1-9）。

照片 3-1-10　用松柏类植物遮挡台阶侧面

2）入口离道路较近的场地

道路离玄关的距离较近时，可以使用信箱和门标牌一体化的功能性门柱。以这个功能性门柱为主角，其后栽植“背景”植物，在植物的背景下突出了直线型的功能性门柱（照片 3-1-10）。功能性门柱的前面栽植“前衬”植物。有高差的台阶两端用松柏类植物做遮挡，营造出柔和的空间氛围。

3）道路与居住用地间有高差的场地

居住用地和道路之间有高差时，有些设计会在上台阶后设置院门、信箱、门铃，也有些是在上台阶前设置。已建好的住宅用地，往往在建造当初就把台阶的位置和高度包含在了建筑施工中，因此，想要变更其位置和坡度就比较困难。但是，这种受到限制的空间不可忽略，将绿化引进来仔细斟酌、用心去设计是非常重要的。特别是可以在台阶的两侧放置预制砌块混凝土绿化，挡墙一侧最好用像木贼这一类的细高植物或者藤本植物做绿化处理（照片 3-1-11、3-1-12）。

照片 3-1-11 遮挡台阶侧面高差关系的植物

照片 3-1-12 台阶两侧设预制绿化混凝土砌块，挡墙用木贼作绿化

4）空间较宽松的场地

门庭空间较宽松时，可以把入口通道设计成有神秘感觉的。照片 3-1-13 是入口通道有高差的案例。把宽敞用地内的入口通道的踏步高度降低、踏面宽度加大。增多的踢蹬数量、蜿蜒而行的台阶赋予了象征性，让步行者带着神秘感步入玄关。照片 3-1-14 中，未设院门的开放式住宅，高大的孤植树下 S 形石铺拼贴的入口通道，让通往玄关的空间呈现条理感。院前放置的白色花钵与蛇形的石材铺路突出了空间远近的深邃感。

照片 3-1-13 降低台阶踏步高度增加台阶踏步级数，加深了神秘感

照片 3-1-14 铺石样式强调出远近距离感

3.2 入口通道的绿化设计

移步换景必不可少

入口通道是迎接和招待客人的空间。用“款待”的心态对入口通道进行绿化设计就能丰富玄关前的装饰空间。这个空间应该是短而有趣的散步路，漫步的同时欣赏着移步换景似的景色，心里会充满感动。道路两侧，即便是狭小的空间也要细心地种上植物，用变幻的四季和丰富多彩演绎出像分镜头剧本那样的移步换景空间。设计中要与门庭结合进行整体设计，与住宅的和谐统一十分重要。

1 入口通道绿化设计的注意事项

1）考虑分镜头画面

可以设计成移步换景式景致，让人在漫步中边走边欣赏。把道路做成 S 形的蛇行路线来加长从院门到玄关的距离，从而确保两侧空间能足够演绎出这种景致效果。

站在住宅用地外面就能看到远景的景观树。打开院门的瞬间，呈现于眼前的景观树让人感知着季节，道路两边的草丛类植物、水钵、照明器具、长椅等景观设施将视线吸引到脚下，空间整体的视觉享受给人留下美好的印象。

2）门廊设计不可忽视

门廊是入口通道的连续空间。在这里可以与来访的客人打招呼、把伞折叠收起、与邻居们站着聊天等，是展现各种生活场景的空间。放上长椅、点缀些栽有各种植物的花钵、设置稍微宽敞的露台和小型组合桌椅等，稍作用心，这个空间就可以变成有主题格调的前院。

3）适合入口通道的植物

种于入口通道的植物起着决定该住宅形象的重要作用。选择地被类植物和草本花卉类植物非常关键，这些植物可以决定居住者的华丽、素雅、鲜艳、高雅等形象。另外，应依据道路的宽度来选择树种。宽度较窄的道路不适合栽植像珍珠绣线菊、连翘这样枝干散乱的植物，因为雨后雨滴会溅湿西装。有刺的植物就更危险。

入口通道的绿化要表现出季节感，这也很重要。总是飘有四季花香的入口通道，客人拜访时会感到神清气爽。正月时节摆放些混合栽植的羽衣甘蓝的花钵，类似这样，让居住者自己动手设计适合各种季节和活动的空间，也是十分重要的。

4）入口通道的宽度和绿化

标准入口通道的宽度为 1200mm，最小也必须保证在 900mm，这是撑伞或拿东西行走时的宽度。但是入口通道的宽度和铺装的宽度没必要相同，把地面硬铺装两侧栽植草本花卉的尺寸纳入到入口通道宽度内，能让入口通道空间魅力十足。

2 发挥植物特性的入口通道设计案例

1）用枕木骨架的金属网栅栏吸引散步者视线的案例

图 3–2–1 是在三角形用地内设计前庭和入口通道的案例。远景以青皮白蜡的景观树为标识，通过枕木骨架的金属网栅栏将视线引至玄关方向（图 3–2–2）。打开院门，透过安息香的枝干看到中景中的长椅（图 3–2–3）。近景的设计则是在门柱旁放置了栽有蝴蝶花、茉莉花的种植箱，用花香作为礼物迎接来访者，再通过金属栅栏、玄关、门廊上悬挂吊篮的“呼应”手法让整体协调统一起来。入口通道做成弓形曲线状的行走方式。古旧的地砖和枕木等材质酝酿出空间的厚重感。

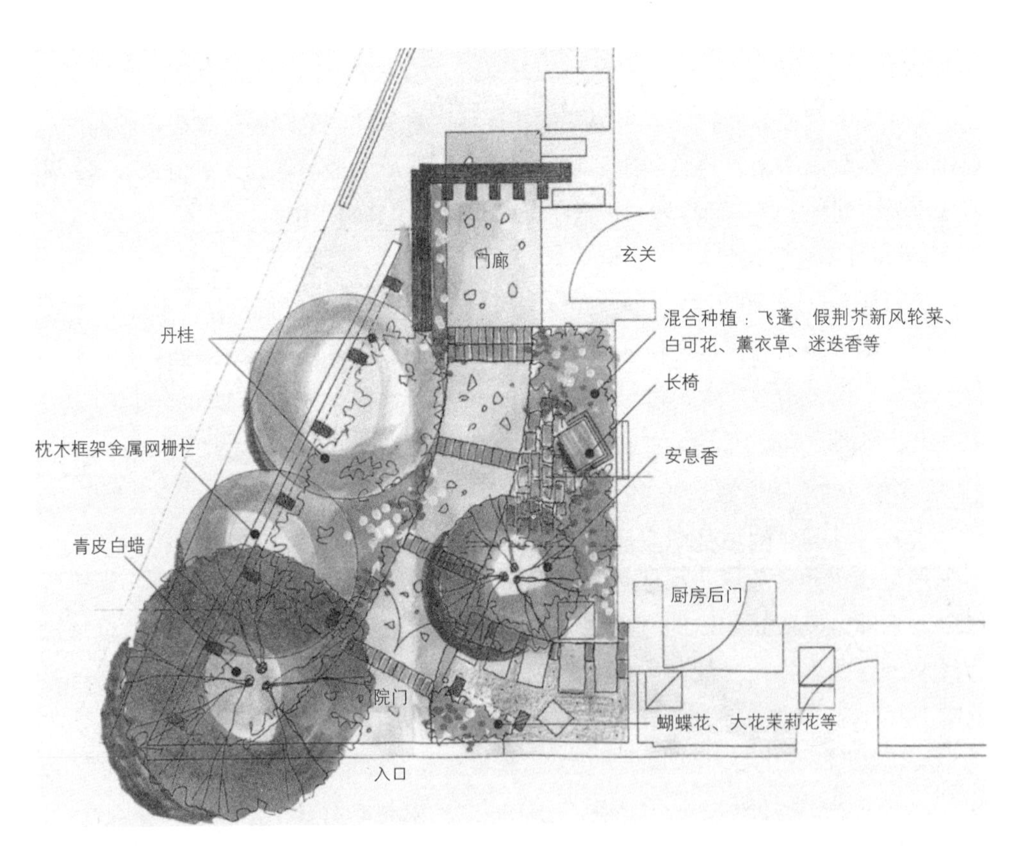

图 3–2–1　平面图

图 3-2-2　枕木框式门庭的手绘图

图 3-2-3　玄关门廊前设置座椅的手绘图

2）用花装饰入口通道台阶的案例

对于上坡的入口通道而言，脚下的细节设计是重点。最佳的方案是在台阶两侧或地面上种植季节性花卉。照片 3-2-1 的案例中，道路做成 S 形曲线，用景观石做小品，前衬景观种上玉簪，背景植物配植种上绣球花。入口部分的蓝羊茅娇小而独特，让入口通道像随风飘舞般富有动感。草本花卉以蓝色为主基调，大量选用了紫色和白色，以五色菊为重点配上浅红色和黄色的菊花，整个空间以小花为主体，品位高雅而可爱。前半部分以浅色为主，后半部分配以深色花卉，成功地表现出空间的纵深感。

照片 3-2-1　活用草花的案例（设计：吉冈绢子）

3.3 北側狭窄空间的造庭

背阴庭院（shade garden）的设计方法

设计规范中规定，住宅的北侧应与邻居之间留出一定空间，这种空间也可以利用植物营造出心情舒爽的庭院。从自然条件来看，这部分空间大多位于背阴面，而喜阴且能给人放松感觉的山野草或者多年生草本植物也很多，这些植物如果搭配组合恰当，也能营造成魅力十足的背阴庭院（shade garden）。然而，如果空间较受局限，建议使用无压迫感、鲜明整洁的树木。另外，狭窄空间内可用的材质和种类有限，较有效的手段就是以整合、设高差等方式进行设计。

1 在墙体退后空间内造庭

通常规范要求住宅建筑用地与邻接用地边界至少应保证 1~1.5m 的红线退后空间。在这有限的北向空间内，既要满足生活动线的需求，还要具有花园的赏玩功能，那就必须在保障过道原有功能的基础上，开展规划设计。以下分类归纳出各个区域的注意事项：

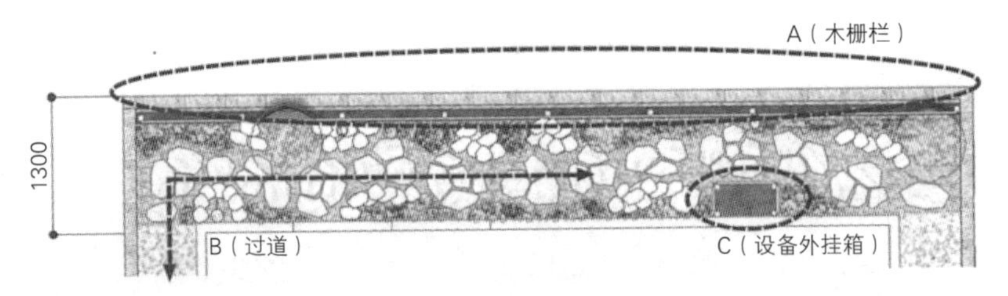

图 3-3-1　平面图

图 3-3-2　意向透视图（侧视角度）

图 3-3-3　意向透视图（室内角度）

1）用木栅栏确保私密性（图 3-3-1 A 区域）

与邻接建筑物距离较近时，既要保证相互之间的私密性，又要营造出空间的丰富感，此时，设置木栅栏是最合适的方法（图 3-3-2）。在窗户附近有针对性地安装壁挂式庭院灯，还能起到防范作用（图 3-3-3）。另外，在高度控制方面可以用藤本植物作统一，即便空间狭窄也能在视线高度上获得观赏植物的乐趣。

2）用天然石材和地被类植物规整过道（图 3-3-1 B 区域）

空间受到限制后，往往很难腾出足够的空间用于设置花园中的花坛。这种空间，可以采用天然石材的汀步石做地面铺装，隔一段间距栽植灌木类植物，灌木类植物的间隙之间，利用草本花卉植物做成微型石景园（mini-rock garden），最好用“在漫步中欣赏绿意”的构想去展开设计。

3）用机箱罩遮住室外机、电热水器等设备（图 3-3-1 C 区域）

狭窄庭院内的各种设备如果材质不统一，会破坏庭院的整体形象。因此，在这种空间内做庭院需要安装机箱罩遮住这些物品。

2 绿化设计的注意事项

以清爽的设计风格，在丛生树木的根茎部位栽植地被类植物，就能营造出舒爽的景致。

适合在北侧狭窄过道的各个区域内栽植的植物归纳如下（图 3-3-4）：

适合 a 区域（木栅栏内侧）的树木有：

①常绿大乔木：具柄冬青、全缘冬青、厚皮香等；

②落叶大乔木：安息香、假色槭、大花山茱萸、枫树类、四照花等；

③常绿中矮木（灌木）、矮木（灌木）：南天竹、华南十大功劳等；

④落叶中矮木（灌木）、矮木（灌木）：绣球花类、日本紫珠等。

适合 b 部位（木栅栏的根部）的矮木（灌木）、地被类植物有：匍匐筋骨草、玉竹、虾脊兰、玉簪、圣诞蔷薇、蕨类、蝴蝶花、白芨、珊瑚钟（红花矾根）、大吴风草、老鹳草、诸葛菜、阔叶山麦冬等。

木栅栏上攀爬的藤本植物，建议使用薜荔、花叶地锦等。

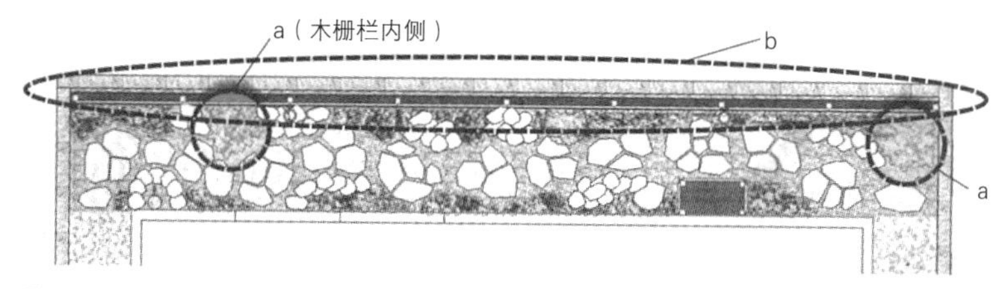

图 3-3-4 北侧狭窄空间内的绿化案例

3.4 盆栽园（container garden）的制作方法

遮盖地面并用草本花卉修景

用花盆等器皿栽植和观赏植物的方法称为盆栽园（container garden）。

也有的是指在花盆中栽植的混合植物，还有的是指利用这些盆栽植物组合设计的庭院空间。木平台或露台、玄关的门廊或台阶、阳台或者檐廊等，即使没有土壤也能享受到花园带来的快乐，还可以随季节和心情自己动手改变花盆的位置和植物种类，这种轻松灵活的造园方法也是它的魅力所在（照片3-4-1）。开始设计新的方案时，无论是单个花盆还是复数的组合花盆，都与通常的庭院设计相同，首当其冲就是要结合整体空间的意向来选择适合此空间和景致的花钵及植物种类。

1 用单个花钵打造的盆栽园

1）设计注意事项

由于花钵本身也可作为纪念品来赏鉴，因此，花钵的设计就显得至关重要。

应结合放置场所及大体装饰意向选择花盆的合适尺寸、材质、设计（照片3-4-2）。

决定好植物的观赏面后，确定栽植植物的具体位置需注意以下几点：

①花钵内侧应栽植株高较高的植物；

②花钵靠前部位应栽植一种有体量感的草本花卉和2~3种有季节感的草本花卉；

③正面的最前列搭配下垂型植物以遮挡花钵；

④栽植于同一花钵内的植物应选择日照条件和浇水管理方式均相似的品种。

照片3-4-1 木平台上的盆栽

照片3-4-2 放于庭院中的单钵盆栽

2）散水部分设计成盆栽园的案例

散水大多不包含在绿化设计中。照片 3-4-3 是在北侧换气窗下设置的盆栽园。此部分如果朝向园路时，会比较在意小窗的存在。本案例中，在百叶窗格上挂上垂吊类植物，与花钵形成一体装点了窗户。在散水、玄关门廊等位置设置花园时，由于雨水无法淋到，需要安装自动喷洒装置，屋檐下或者荫凉地应选择能在该环境下生存的植物。另外，应与业主反复商讨，以确保管理的可持续性，这一点很重要。

照片 3-4-3　在散水处设置的盆栽园

2 盆栽的组合设计

用盆栽进行组合设计时，不仅要考虑花盆的搭配组合设计，还要选择适合其生长的各种植物。栽植的规划和设计与通常的规划没什么区别。利用植物的质感、远近、高低关系等因素营造出与周边环境和氛围相协调的立体空间效果。

1）设于城市型住宅玄关门廊内的盆栽园。

图 3-4-1 是玄关门廊的设计。城市型住宅的外环境空间因狭小而无法栽植孤植树木。这种情况下，盆栽的组合式花园就显得十分方便。与玄关和门的设计相结合，添加花钵、鹅卵石等元素后，自然感觉的氛围就呈现出来。图 3-4-1 中使用的植物有洋常春藤类、橄榄、百里香类、薰衣草类等。

2）将前庭设计成盆栽园

照片 3-4-4 是用种植箱将前庭变成花坛的案例。面向道路的门垛部分吸引了众多人的眼球。前庭空间中的硬质铺装必不可少，用盆栽配合设计是最佳方案。狭窄空间中以多个盆栽进行立体组合搭配，再用常绿树、彩叶草为主的多年生草本花卉做色彩点缀。

图 3-4-1　玄关前的盆栽园

照片 3-4-4　在前庭设置的盆栽园

3.5 中庭（天井）的制作方法

精心设计让狭小的空间重现生机

中庭（天井）也称作内庭院，是四周用建筑围合出来的庭院。京都的店铺式住宅大都采用这种格局，对于用地狭窄的城市型住宅来说，这是一个十分珍贵的半室外空间（照片3-5-1）。由于从室内可以轻松步入室外进行各种活动，在时间和空间上能创造出即非室内也非室外的新鲜感。中庭空间，无论从视觉角度还是从采光、通风等方面都是能给住宅内部带来舒适感受的空间。

照片 3-5-1　京都传统店铺式住宅的中庭

1 中庭（天井）设计的注意事项

通常，中庭或者天井是周圈至少有两个边以上靠建筑来围合，且与建筑内部空间融为一体，是可近距离接触庭院的空间。但由于是围合出来的空间，因此，大部分的微气候条件都较差。且有通风较差、夏日阳光反射强烈、排水条件及日照时间不充足等问题。但是，如果对应这种空间条件进行相应的树种选择、绿化设计，则在日常生活中就能享受到身边的绿意（图3-5-1、3-5-2）。即使只栽植一棵树木，绿意也会时常映入眼帘，让生活变得充实起来。天井能“把

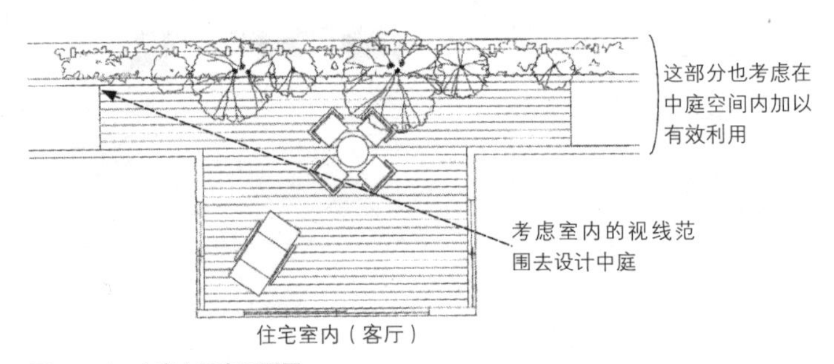

图 3-5-1　中庭木平台平面图

风带入家中”，从健康角度而言，也是一个非常值得推荐的空间设计。

中庭或者天井的空间较为有限，且大多与用地边界相接。此时，如果在室内能看到的视野范围内全部栽植植物，也能做出丰富的空间。

图 3-5-2 中庭木平台手绘图（图 3-5-1 的透视图）

2 中庭（天井）绿化的注意事项

1）植物的选择方法

与室外庭院相比，中庭的日照较差，所以应选择日照少也能茁壮成长的植物。特别是草丛类植物，会经常被建筑物或围墙遮挡，应特别注意。通常无法大量栽植植物、不易维护管理、或者即使方便管理但枯草和陈旧土壤不易排出等场地，都应以盆栽为主做绿化设计（照片 3-5-2）。适合背阴栽植的植物有：玉簪、蝴蝶花、大吴风草、短柄岩白菜、阔叶山麦冬。

2）室内一侧的观赏方式

与室外庭院相比，中庭更应该注重室内一侧的观赏方式。由于植物大多直接毗邻建筑栽植，因此，必须注意将来枝干生长延伸以及根系扩张等问题（照片 3-5-3）。

3）排水

中庭的空间较受局限，如果不设排水口，就会由于过度潮湿而阻碍植物的生长。

照片 3-5-2 盆栽为主的中庭

照片 3-5-3 使用木平台的中庭

3.6 家庭菜园的设计方法

在有限的空间内营造交流场所

家庭菜园（Kitchen Genden）不仅有培育植物和品尝植物的乐趣，还能让家族的每位成员在进行耕种作业时相互交流，因此，受到广泛关注与普及。

设计时应留意耕种的方便性以及视觉的美观性，让其成为充实生活的空间。

1 设计家庭菜园的注意事项

1）改良土壤

要想蔬菜茁壮成长，改良土壤必不可少。好的土壤条件指的是透气性和渗水功能都好。新建住宅用地大都需要改良土壤。家庭菜园用的场地，地面需下挖20cm，周边用枕木收边。其间填埋风化花岗岩土、堆积肥、组合肥料以及有机石灰等混合土壤。每亩需填土20cm厚。以后每年在栽植种苗或播种前两周都需做一次土壤改良。

2）建立菜园种植规划

①家庭菜园的尺寸一般1亩的宽度在60~90cm，2亩地则在10m^{2}左右。以家族能劳作为标准，多品种、少量混植。与收获时期相结合，再混合栽植一些草本花卉等。搭配种植规划也要考虑立体美观效果。

②香草类、葱、韭菜等有气味的植物，多数情况害虫都不喜欢，因此，菜园周边最好用薰衣草类植物作收边处理。

3）贮藏设计和给排水设施不可忽略

家庭菜园中有很多肥料、腐叶土、工具类等的相关用具和备品。这些物品散乱地放在住宅建筑周边不仅影响美观也不利于卫生。除浇水外，劳作之后洗手用的给排水设施也是必不可少。

4）共生植物（companion plants）与天敌植物（banker plants）

不同种类的植物混合种植后，可通过发挥各自特性来减少病虫害的发生，促进相互生长。这种品性相投的组合称为共生植物（companion plants）。天敌植物（banker plants）是指栽植能吸引害虫的植物，运用天敌来保护周围蔬菜类植物的生长。这是控制使用农药、让蔬菜健康成长的有效手段（照

照片3-6-1　为栽植准备的塑料薄膜。前面的蚕豆为天敌植物

片3–6–1)。

代表性的共生植物介绍如下：

①茄子+欧芹或青椒

②洋葱+春黄菊+胡萝卜

③番茄的根部种植花生

④玉米+毛豆

⑤黄瓜下面种大葱

⑥西瓜+万寿菊

以上这些均以不同科属植物的搭配组合为原则。另外，也可以采用在高低不同的位置上不影响相互之间生长发育的搭配组合方式。

下面介绍几个具有代表性的天敌植物：

①蚕豆：能招引蚜虫使周围种植的蔬菜类免遭虫害侵袭；

②高粱：能吸引茄子的害虫南黄蓟马的天敌花蝽。高粱上附着的蚜虫不会粘附到茄子上。

也有像草莓与卷心菜（甘蓝）这样相互都不和的组合，因此栽植前应确认搭配栽植的植物之间是否相互有利。

2 将南侧有限空间设计成家庭菜园的案例

这是有效利用未来将要扩大成停车位而预留的空间设计（图3–6–1、3–6–2）。A部分为了确保灌溉，用枕木围合成1m×1m的挡土空间，并将放入改良土壤的菜园空间分成三个区域；B部分称作花园厨房。上部设置水阀和操作台，下部为园艺用品的收藏空间；C部分是用木栅栏围成菜园空间，可以培育藤蔓类蔬菜，且具有遮挡功能；园路（D部分）设置的是汀步石，汀步与汀步之间的间隙栽植了野草莓、唇萼薄荷等观叶类植物，给人以自然的感觉。

图3–6–1　家庭菜园效果图

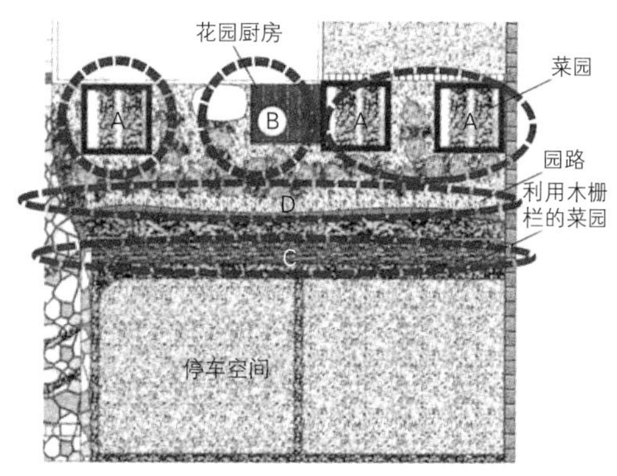

图3–6–2　平面图

3.7 努力削弱停车位的存在感

不停车时应能成为庭院一景

停车位在居住用地中占了相当大的比例，有时甚至比庭院空间还要大。如果常用车没在停车位停靠，无车时的空旷场地面朝着道路，如同裂开的口子一般，对街道而言，这是一个没有品味的空间，而从使用者的角度来说，也不是一个有意义的空间。

与其把停车位做成像庭院一样，不如干脆从庭院具有停车功能这一思维方式出发，这时面层材料的选择就会发生相应的变化。

1 努力削弱停车位的存在

努力削弱停车位存在感的方法有：①硬质铺装不要过多；②不要突显车轮轨迹；③注意细节设计。这些办法能解决大部分问题。

车和人频繁走动的路面以坚固的硬质铺装为主，建筑物边缘以及轮胎压不到的地方设计成砖或碎石等铺装样式，搭配草丛类植物，极为细致的空间氛围就能展露出来。另外，在非停车区域也使用一些与停车位同样的铺装样式，则更能削弱停车位的存在感。

图 3-7-1　停车场后面及两侧种植地被类植物做绿化处理

1）硬铺装不要过度

图 3-7-1 是将建筑 L 字形凹进去的角落用做停车位的案例。这种情况可采取以下方法：

①在后轮胎的车挡之后的区域（A 部分）栽植地被类植物来增加绿色空间。如果停车位正对客厅或儿童房时，车驶离后也可以作为庭院使用。

②使用植草砖（绿化砖）。绿化砖用混凝预制块加工而成，能承受轮胎重量、保护植物防碾压。

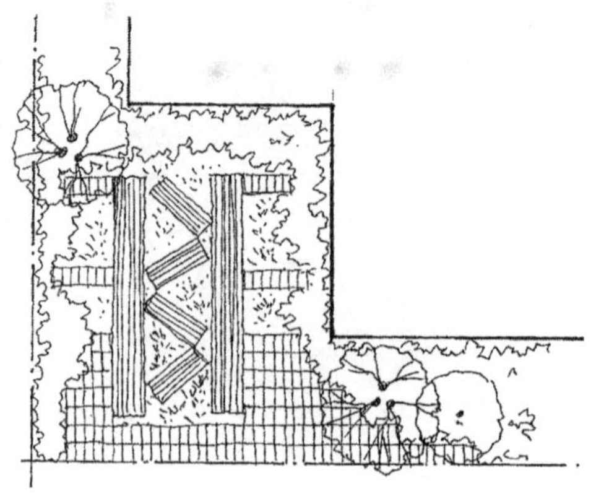

图 3-7-2　注意不要突出轮胎轨迹

2）避免突显车轮轨迹

“车轮轨迹”会让人联想到车辆，如果被突显出来，庭院的感觉就会消失。实际上，车辆驶入停车位时，由于前方道路宽度等因素，轮胎也会有碾压到轨迹之外的状况，因此，从耐碾压角度也需要对这些部分进行铺装的补充设计（图 3–7–2）。

3）注意细节设计

同样面积的空间，仅用混凝土铺装和用枕木或砖等天然材料精心铺装，这两个做出来的效果会完全不同。铺装面层很容易映入人的视野，也决定了人对空间的印象。可以委托专业施工单位来处理大面积铺装材料的施工，从中找出能让居住者可持续参与庭院作业的空隙或空间，这对提升庭院的接触度意义深刻（照片 3–7–1）。

照片 3–7–1　用古旧砖、枕木、草坪、玻璃球、圆锯齿等多种材料精细施工完成的停车场空间案例

2 车库周边的修景

停车位的铺装可以使用枕木、切割的石材、瓷砖、地砖、嵌草混凝土砖、水洗豆砂砾等。这些材料不要单独使用，应多个材料拼接组合，同时，车轮辗压不到的两侧及后部区域栽植地被类植物做绿化处理。铺装表面找好排水坡度，并设伸缩缝。无车停靠时，很容易变成煞风景的空间，所以要考虑到车辆驶出后的景观，在纹理的拼接样式上多做变化处理，也可以在车体的下部位置，用地被类植物做绿化，起到修景的效果（照片 3–7–2）。适合使用的植物有：草皮、丛生福禄考、玉龙草、小蔓长春花、富贵草等。

照片 3–7–2　停车场的空间地面铺装采用与台阶相同的切割石材加植草样式的案例

3.8 阳台花园的设计方法

阳台也能享受花园乐趣

最近几年，公寓中的阳台已从单纯的“生活”空间向“享受生活”空间转型，因而倍受关注。不仅独立住宅的庭院如此，就连公寓的阳台也希望改造成花园空间的需求在不断上升。但是，阳台属于建筑物的内部空间，并且，在公寓中相当于共同使用的部分，因此，要比普通的庭院空间有更多的规范限制。基本的管理组合规范有以下几项：

①不得设置仓库及其他工作间，不得损伤地面及墙面；

②扶手、栏杆的外侧及压顶不得放置花盆；

③放置花盆时应确保其不会掉落、飞落；

④不得设置在修缮或定期检查时能撤掉或移动以外的物件。

另外，还有许多限制的规定条约，事先应做好确认。

1 制作阳台花园的注意事项

1）要有远近意识

公寓的阳台通常进深在1000~1500mm左右。因此，要有纵深意识，建议以客厅的观赏角度为设计出发点（图3-8-1）。例如，可以在客厅推拉门附近放置栽植大型花木的花盆，沿着阳台纵深方向平铺木平台，则设计出来的方案，纵深感很强烈。另外，大型花木的花体也能成为视觉焦点，再加上散置的鹅卵石、照明器具搭配组合，便成为情趣十足的空间。

2）确保家务空间

阳台本身的作用是“晾晒衣物”，如果剥夺了这种功能，那就本末倒置了。可以采用折叠桌椅等形式，应在家务空间的原始功能基础上，对空间进行区域划分。

3）装饰空调室外机

放置在阳台上的空调室外机会破坏花园的气氛。可以套上简易的机箱罩。在室外机箱罩上，可以放置盆栽等装饰物品。

4）选择植物

建议在管理可操控的范围内选择植物。另外，

图3-8-1 注重室内一侧的观望

与户外相比，室内的日照大多不是很好，建议选择耐阴植物。花盆中栽植的花木，如果是落叶树，建议摆放在方便侍弄的地方。另外，公寓中的阳台做防水施工时，需将所有的物品全部撤离。不要采用屋顶绿化中常用的轻质土壤花坛栽植的方式，建议整理成陶罐、盆栽式的绿化方式。

适合阳台栽植的植物中，草本花卉有木贼、木香花、阔叶山麦冬等；花木有桃叶珊瑚、橄榄、常青白蜡、岩石南天竹、柠檬等。

5）设置收藏空间

规范中规定，超过扶手高度以上的部分，严禁放置物品。在这有限的空间内，如果放置座面可分离的长椅，就能有效地完成收藏功能。

2 阳台花园的设计案例

图 3–8–2~3–8–4 是阳台花园的设计案例。

考虑室内一侧的视线观赏，将地面的木平台顺着室内地板铺装纹路延伸铺装至阳台，阳台就会呈现出纵深感。放置于建筑附属设施上的常青白蜡盆栽隔着窗帘若隐若现，突显出远近感。花盆的底部，周圈散置鹅卵石，点亮柔弱的照明，与室内俨然成为一体。木制收藏式座椅与空调室外机箱罩让人感觉不到，原先这是放置生活杂物的空间。

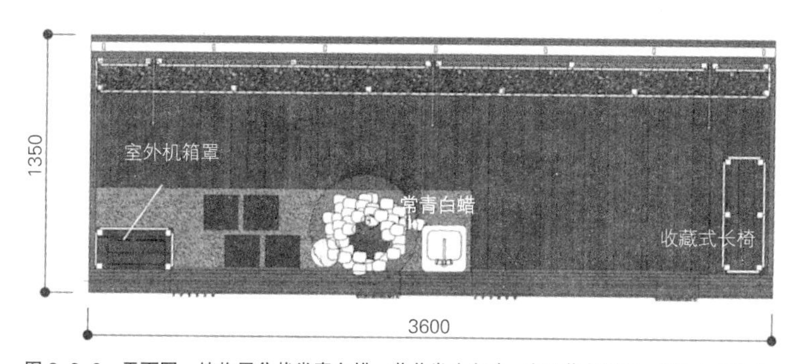

图 3–8–2　平面图。植物用盆栽常青白蜡、草花类（木贼、有斑黄金络石、阔叶山麦冬）

图 3–8–3　阳台花园

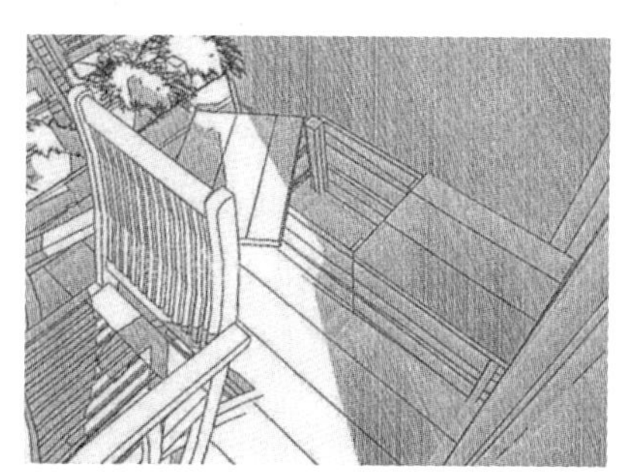

图 3–8–4　收藏式长椅

3.9 轻松自在的浴室天井院设计方法

滋润生活的精小空间

入浴时，阳光透过枝叶透射进来的感觉是多么令人爽快。这是入浴时最能放松身心的时刻。能充分享受这珍贵时光的空间就是浴室天井院（bath court）。独栋住宅中，浴室都有对外的窗户。外部与邻居相隔的空间大多仅有散水空间那么大，但可以将这一空间做成浴室专用的天井院（浴室天井院）。如此面积狭小的空间做成浴室天井院后，不仅滋润了生活，也让洗浴时光变得惬意而丰富。浴室天井院的做法分为以观赏为目的的庭院式空间和以实用为目的的设置木平台等的活动小院式空间。

以观赏为目的的浴室天井院，应设计成入浴时可欣赏满眼绿意（季节风情）的景致。如图3-9-1所示，在窗边种上植物，植物的高度应配合浴池水面高度来栽种才能完美地观赏到庭院美景。

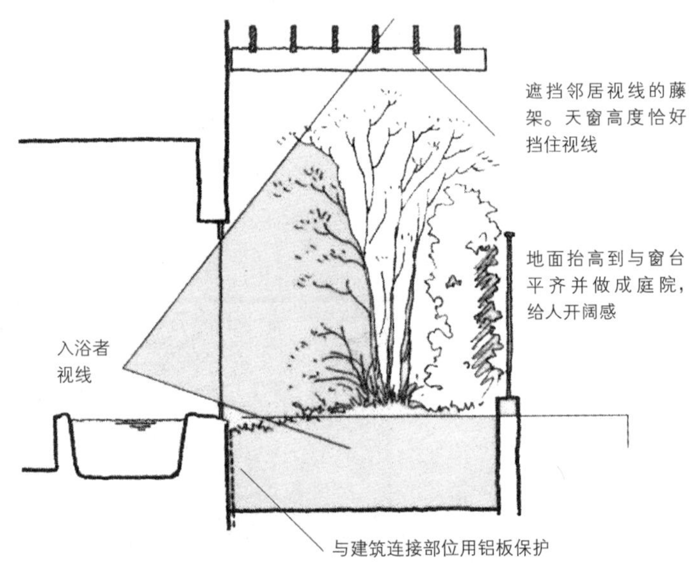

图3-9-1 配合入浴时的视线高度做绿化（季节风情）

以实用为目的的浴室天井院大多是在入浴前后，以运动小院的方式使用。地面应选择赤脚踏上也很舒服的材质，与邻居的视线交流要完全阻断，还要考虑应对夏天的日光反射等对策。另外，要考察好更衣室和浴室的动线关系，最好兼具有像中庭那样的通风和采光功能（照片3-9-1）。

照片3-9-1 用作运动小院的浴室天井院

3.10 开放北侧道路的边界用地

愉悦行人的视线

住宅北侧为道路时，通常为了确保南向庭院的空间，往往会将住宅向北侧靠近，这就使得道路与住宅之间的空间变得十分狭窄。这一空间面向的是公共道路，属于街区景观的一部分，因此，不能忽略步行者的观赏视线。北侧道路的用地边界线（用地红线）也应进行相应的设计。

1 北侧道路用地边界的处理对策

这种用地条件并不属于特殊状况，有多少南向用地也就会有相同数量的北向用地。特别是，当用地比道路高出 1m 时，为防止人从挡土墙上摔落下去，通常都会在挡土墙之上再砌实体围墙，那么从道路一侧就会形成高度超过 2m 的垂直墙体，这会给道路上的行人带来压迫感，从景观角度来说，也不够美观。但是，可以通过设计解决这一问题，北向道路也会展示出难以想象的美景。北侧道路的用地边界对策需注意如下几点：

①不宜围合用地边界，应采用开敞形式；

②有高差时，可在步行者的视线高度上，栽植草本花卉，展现出绚丽的季节感；

③尽量不要裸露地表面，可栽植一些耐阴性较强的地被类植物或中、小乔木、灌木。

代表性耐阴植物中，中、大型常绿树木有茶梅、小叶青冈、具柄冬青等；低矮常绿树木有桃叶珊瑚、马醉木等；落叶树木有鸡爪槭、八仙花、红山紫茎、大花山茱萸、棣棠、四照花等。

2 施工案例

1）堆石的顶部用枕木做框架砌筑花坛

照片 3-10-1、3-10-2，图 3-10-1 的案例中，用地高差在 50cm 左右且存在原有堆石挡墙。改造时，在原有堆石挡墙的顶部设置枕木来围挡泥土，用深色突出堆石挡墙的轮廓线，填上客土后，堆石挡墙的内侧便可用做花坛了。用草本花卉营造出绚丽的感觉，停车位的铺装采用了砖或碎石自由拼接铺装的设计。面向道路开敞的入口通道，石、砖和草本花卉相互呼应，将开放式外环境空间融入到了庭院之中。

2）有效利用坡面

照片 3-10-3 的案例是用地高差为 1m 的情况。为了能面向道路形成开放的景色，将挡土墙高度下降至高差的 1/3，其余均以坡面来处理。门柱也改用高度较低的花台来作为入口提示，并利用坡面，将入口通道设计成如在自然山野中漫步的感觉，草本花卉以及大、中、小花木等多种多样的植物构成了开放式的外部环境。由于北向用地条件所限，植物会处于阴影中而显得比较暗淡，可以在花钵内栽植草本花卉，展现季节的鲜亮感。从维护管理角度考虑，沿道路一侧形成的斜面，建议选择地面栽植的草本花卉，且以多年生草本植物为宜，最好设置自动灌溉装置。

照片 3-10-1　从北侧道路看玄关。堆石挡墙上用枕木做框架用作花坛

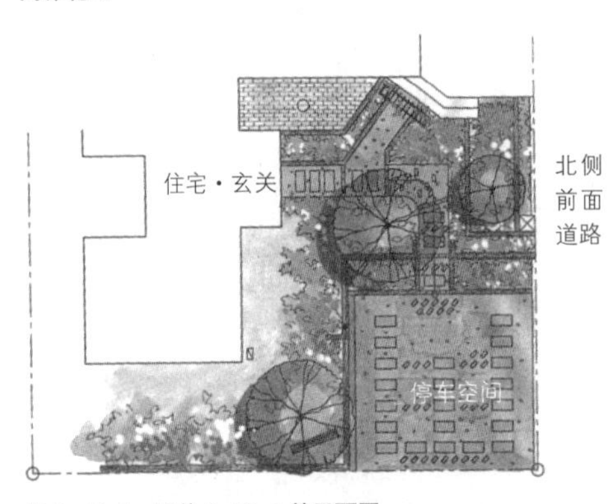

图 3-10-1　照片 3-10-1 的平面图

照片 3-10-2　入口通道区域。迎面是盆栽花叶蒲苇。以多年草本为主的草花展露出丰富多彩的季节感

照片 3-10-3　利用坡面将入口通道设计成如在自然山野中漫步一般

3.11 生境花园的设计方法

考虑户外环境生物的多样性

生境（biotope）是代表生命体生息环境的词汇，原义是指，针对某个区域的原有物种、自然环境、生态体系而开展规划的大范围环境。把生境引入住宅的常见设计方法是，栽植能招引小鸟、蝴蝶的树木、花卉，用水钵、池塘等水边环境，营造出青鳉鱼、蜻蜓等与身边的生物共生的玩赏类型。

1 生境花园设计的注意事项

1）招引蝴蝶的庭院（蝶园）

栽植一些蝴蝶容易憩息的草本花卉，再插种一些做幼虫饵料的“食草”，庭院中就能招引来蝴蝶。蝴蝶有各自喜好的不同花卉，以这些花卉为主去组合花坛。园艺用的改良品种通常花蜜较少，因此，应栽植接近原种的纯正品种或多年生草本植物。再通过插种食草植物作为饵料形成青虫容易繁殖生存的环境。应在充分掌握这些知识的基础上，再开展规划设计。

能招引蝴蝶的花卉有：蓟、硫黄菊、金钱菊、青葙、柳叶马鞭草、白花三叶草、油菜花、胡枝子、石蒜、大叶醉鱼草、诸葛菜、山杜鹃、百合、紫菀、薰衣草类、蛇鞭菊等。

另外，食草植物有：明日叶、扁叶刺芹、酢浆草、枸橘、甘蓝、豆瓣菜、月桂树、胡椒木、银叶菊、墨西哥橘、合欢、胡枝子属、羽衣甘蓝、大花三色堇等。

2）召唤小鸟的生境花园

如果在庭院中栽植果实类树木（饵食树）可以召唤斑鸠、鹎等鸟类。除饵食树木外，如果再设上饲料台、鸟巢箱、鸟澡盆等物品，饵食树果实成熟期以外的时期也能把小鸟召唤过来（图3-11-1）。但是，如果人来人往过于嘈杂，鸟类会有戒备而不敢靠近，因此建议这些东西尽量放在人通行较少的地方。

用于招引鸟类的主要饵食树归类如下：

①赤腹鸫：（中、大乔木）铁冬青、具柄冬青、金森女贞、日本紫珠类、厚皮香等。

（矮木（灌木））厚叶石斑木。

②燕雀：（中、大乔木）东北红豆杉、荚蒾、

图 3-11-1　为召唤小鸟而设的鸟澡盆和鸟巢箱

三叶海棠、合花楸、西南卫矛、日本紫珠类等。

（矮木（灌木））卫矛等。

③黑头蜡嘴雀：（中、大乔木）鸡爪槭、小叶冬青、灰叶稠李、朴树、三叶海棠、西南卫矛、山樱等。

④金翅雀：（中、大乔木）鹅耳枥、昌化鹅耳枥、鸡爪槭、大叶鸡爪槭、榉树、红淡比等。

（矮木（灌木））二色胡枝子等。

⑤黄美姬翁鸟：（中、大乔木）西南卫矛、日本紫珠类等。

（矮木（灌木））胡椒木、卫矛、柃木等

⑥大山雀：（中、大乔木）鸡爪槭、安息香、榉树等。

⑦煤山雀：（中、大乔木）小叶冬青、荚蒾、红淡比、日本紫珠类等。

（矮木（灌木））南天竹、卫矛等。

⑧斑点鸫：（中、大乔木）东北红豆杉、钝齿冬青、日本辛夷、舟山新木姜子、具柄冬青、杨梅等。

（矮木（灌木）、地被类）柃木、阔叶山麦冬等。

⑨煤山雀：（中、大乔木）榉树、西南卫矛等。

（矮木（灌木））卫矛等。

⑩绿绣眼鸟：（中、大乔木）东北红豆杉、荚蒾、山茶、山樱、四照花等。

（矮木（灌木））秋胡颓子、滨柃等。

⑪赤腹山雀：（中、大乔木）东北红豆杉、安息香、小叶青冈等。

⑫红协蓝尾驹：（中、大乔木）红淡比、西南卫矛、日本紫珠类等。

（矮木（灌木））卫矛、柃木、紫金牛等。

此外，应在掌握各类树木的果实成熟期的基础上，再进行规划设计，雌雄异株的植株在栽植雌株后，在附近必须补种雄株。

2 营建水边环境

对生境认知度最高的就是营建水边环境。连接水体和陆地的水岸地区称为群落过渡区（ecotone，生态过渡带），它对净化水质和形成生态体系具有重要作用，是多种多样动植物群的生息场所。庭院也是如此，由于人们有对这种自然风景的憧憬，所以筑造池塘、规划设计滨水环境、在水钵中混合栽植水生植物等方法都十分受欢迎（图 3–11–2）。

1）池塘

在住宅庭院中设置池塘，其最终目的是在于和庭院的互动，因此，必须牢记保持庭院的生物多样性及野生品种的应用。

放于池内的鱼类，可以购买市面销售的观赏用青鳉鱼、田螺等，但是，如果这些生物不断繁殖增加后，随意将它们放逐到周边自然界中，就会与原有的生态体系发生冲突，因此，要谨记它仅能以庭院内饲养为主。池塘中必须设置循环装置以保证池水经常流动。

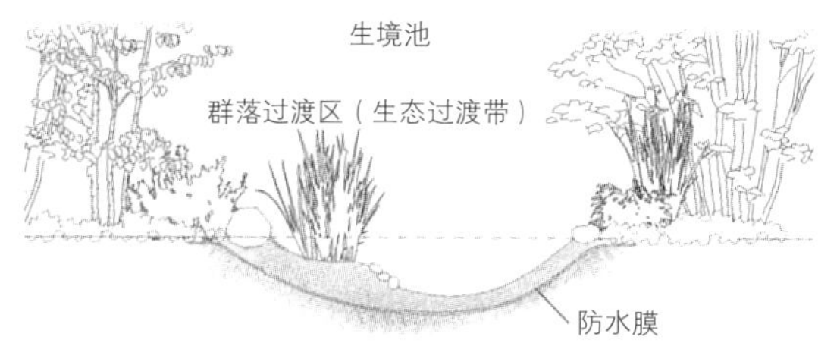

图 3–11–2　池塘设计的剖面图
铺防水层后变成贮水池塘。池塘最深 30cm 左右。群落过渡区部分水深 5 ～ 10cm 左右。

2）水边植物的分布区域

a. 水边植物

按不同生活水域可分成如图 3–11–3 ①～⑤的类别，应针对栽植区域选择相应的植物：

图 3–11–3　水边植物的分布区域

①湿生植物（滨水植物）：在湿原或湿地、沼泽、水田等环境中生长的植物（与水缘植物邻接）。如：陌上菅、海芋、日本鹭草、千屈菜、驴蹄草等。

②水缘植物：根系生长在水域较浅地区，根以上部分伸出水面在空气中生长的植物。如：荻芦（芦竹）、皱果薹草、豆瓣菜、水菖蒲、水芭蕉等。

③浮叶植物：根部扎根于水底的淤泥中，茎延伸至水面而叶和花浮于水面生长的植物。如：荇菜、日本萍蓬草、睡莲、荷花、丘角菱等。

④沉水植物：根系扎根于水底的泥沙中，植株本身也沉没于水中生长。如：扭兰、金鱼藻等。

⑤漂浮植物：根系悬垂于水中，茎叶或叶状体漂浮于水面的植物。如：日本满江红、人厌槐叶萍、槐叶萍、水葫芦等。

b. 欣赏水钵中栽植的水生植物

随时随地、简单地享受庭院生活的园林设施就是水钵。混合栽植一些水边植物，放满水后，再放养一些青鳉鱼，会别有一番情趣（照片 3–11–1）。

用时髦的水钵来映衬和欣赏荷花或睡莲的美丽花卉、感受水生植物的清凉感受，利用这种水钵和植物的搭配组合设计，能获得和室内装饰品一样的设计效果。

照片 3–11–1　欣赏水钵中栽植的水生植物

3.12 以藤架营造凉爽空间的设计方法

充实生活的半室外空间

设置藤架的目的是，延续室内空间形成半室外空间、丰富房间的使用功能、离开住宅独享户外生活（图 3–12–1）。有的设置在客厅等的室外露台上，做成天窗的形式，用以遮挡日光直射；有的设置在浴室天井院上部，用以遮挡视线；有的设置在庭院一角并缠绕上植物，作为欣赏绿荫的空间等；其目的不同搭建方式也各有不同。

1 作为庭院设施的藤架设计要点

在庭院的一角设置藤架并栽植藤本植物时（图 3–12–1），由于藤架本身是独立的构筑物，需要在水平方向加强承载力，因此，需用金属网或板材做成墙体，顶部用交叉状金属网做成角撑构件。攀援植物用的支架间距依照树种而定，一般间距为 5cm 左右，可保证植物无需辅助支架也可缠绕攀爬上去。如果超过 10cm，则需要借助人工辅助缠绕或需增设辅助支架。

树种中较受欢迎的是多花紫藤或蔷薇等落叶树木。常绿类的藤本植物会让藤架下面过于阴暗。植栽的栽植密度根据树种而定。如果藤架面积为 5 平方米，则一棵就够了。栽种初期密度太小会让人有凄凉感，因此，也有的会在初期按 1 平方米一棵的标准栽植、数年后再进行移植的方法。

图 3–12–1　在庭院一角设置的藤架

2 延续室内空间的藤架设计要点

在客厅的延续空间，也就是露台的上部做藤架后，这个空间就变成连接室内和室外的中间空间（灰空间）而发挥出各种作用（照片 3–12–1）。另外，在浴室天井院上空设置的藤架，在保证采光的同时还具有遮挡视线的作用。除此以外，也有在生活服务性小院的上空设置藤架作半室外空间使用的（照片 3–12–2）。藤架有木质、铁质等各种材质，再攀爬上木香花的话，就能起遮阳作用，可防止夏天强烈的日晒，还能遮挡邻家的视线（木香花也有无刺的品种。有白花和黄花，白花有香气）。

制作藤架时应注意以下几点（图 3–12–2）：

①天窗的朝向和高度、间距依据现场情况（方位、与邻家的视线关系）而定；

②木制藤架的柱子多为 90mm，在四角设置。因为会妨碍出入行走路线，所以很难做成交叉状，因此，建议固定在建筑物上以防晃动；

③需缠绕植物时，可将铁丝或辅助支架与天窗成直角设置来引导植物攀爬；

④如藤架顶部安装有玻璃等屋面材料，则必须计入建筑面积内。

照片 3–12–1　延续客厅空间的藤架

照片 3–12–2　服务院子上空的藤架。衣物在木香花香中晾晒

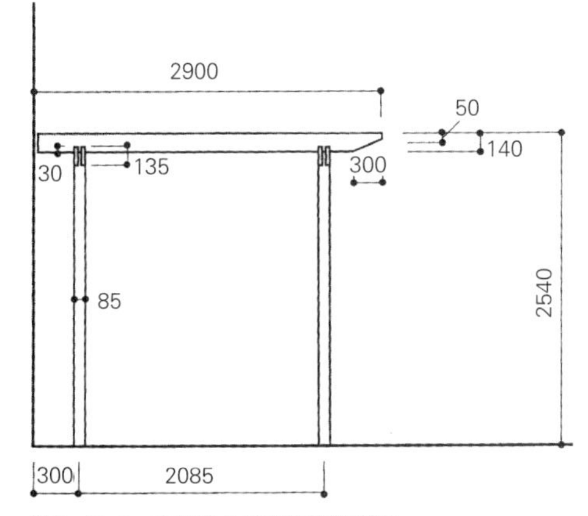

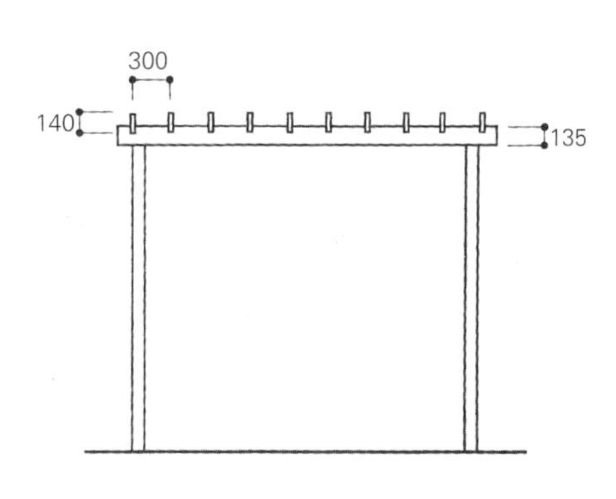

图 3–12–2　在露台上制作藤架的案例

3.13 墙体绿化方法

营造关注度较高的绿色景观

墙体绿化不仅能弱化构筑物的生硬感，还可欣赏到植物。设计方法有在根部栽植藤本植物使其沿着墙体向上攀援的“墙体登攀型”；有在墙体压顶部位设置种植槽类的栽植空间让藤本植物下垂生长的“墙体下垂型”；还有在墙体前栽植树木使其沿墙体垂直生长的“植物墙（espalier）”等。

1 墙体绿化注意事项

墙体绿化通常都是空间的立体设计，因此，对于街道的景观以及狭窄用地的绿化来说都十分有效。一般主要以藤本类植物为主，因此，应多从植物的攀援方式、是常绿还是落叶、花期等角度去掌握各类植物特性，并针对性地用于设计中。墙体绿化的注意事项有如下几点：

①过于庞大的植物，栽植以后的管理会很困难，因此，植物的根基一定要稳固好；

②建议维护管理方法尽量利用雨水，没有这种条件的，可设置适合的灌溉装置；

③植物应选择病虫害少、健壮且方便维护管理的品种。

2 墙体绿化方法

1）吸附型藤本植物的绿化

吸附型藤本植物是吸附在砌体墙或树木上生长的植物（照片 3-13-1），非常适合用于墙体绿化中。它对原有墙体或破旧墙面的形象具有很好的美化效果。

适合绿化的吸附型藤本植物有洋常春藤类、日本常春藤、黄金络石、薜荔。

照片 3-13-1 在砌块墙上做绿化的薜荔

照片 3-13-2 四棱形石块挡土墙的绿化案例

2）下垂型植物的绿化

外观单调的挡土墙通常会利用下垂型植物来绿化。如果在道路一侧的映入视野范围内的空间内，用下垂型植物进行绿化，也能为街区绿化添砖加瓦。

适于绿化的下垂型植物有蔓马缨丹、蔓长春花、蓝茉莉、常春藤、匍匐迷迭香等（照片3−13−2）。

3）卷曲、缠绕型植物绿化

卷曲、缠绕型植物是卷曲或缠绕在构筑物框架或建筑上生长的植物。拱架上缠绕蔷薇后，穿过拱架时，可以闻着花香步入到另一个空间。藤本植物通常生长速度较快，因此，及时做好维护管理也很重要。适合绿化的卷曲、缠绕型植物有常绿钩吻藤、金银花、贯月忍冬、藤本月季、凌霄、牛藤果等。

图3−13−1 入口通道做成拱架的效果图

适合这种绿化方式的是，利用拱架做出的门庭。图3−13−1是对单调乏味的钢制拱架进行精心绿化设计的案例。利用藤本植物可以达到如图所示的立体空间效果。

4）植物墙（espalier）的绿化

植物墙（espalier）是将园林树木、果树、藤本植物的枝干引诱到墙面上，树冠不是伸展生长，而是贴附在墙体生长的绿化方法（图3−13−2）。到完成枝叶攀援的引诱工作为止，是比较费工夫的。

适合植物墙绿化（espalier）的植物有无花果、迎春花、窄叶火棘、卫矛、海棠果等。在面向道路的围墙前进行植物墙（espalier）绿化时，如果采用的是果树的话，不仅不会占用空间，且由于枝干不厚重而能获得充足的采光，结出丰硕的果实。

图3−13−2 围墙前栽植墙式树木的效果图

3.14 树木的灯光设计

用光来演绎梦幻般的庭院景观

最近，希望户外环境中进行灯光设计的人越来越多。特别是被灯光照射后的树木，在演绎空间意境方面会有更佳的效果。照明让我们初次体验到物体因光反射而存在。根据受光物体的材质、色彩的不同，对空间的感觉就会发生不同的变化。同时，从安全防范角度，为住宅用地内的道路提供照明的需求也非常高。为孤植树点上灯光后，还具有替代路灯功能的效果。另外，庭院景观再配以梦幻般的灯光设计，会让居住别有一番魅力。LED 照明的出现能减少使用成本，但是因为便宜而过多使用就会变成“光害”的罪魁祸首，因此，为防止光线直接射入眼中，应控制好光的照射方向和点灯时间。

1 植物灯光设计的注意事项

进行灯光设计时，应事先预想好空间表达的意向。意向设计的窍门是，确定在哪个位置设置光点。从设计角度来说，首先要考虑明暗（阴影）、关注焦点（观赏空间）、光的色彩以及日照范围等的变化。最后，再选择与光的方向和日照范围相配套的器具。通常以避免光源直射入眼中为前提，确定照明器具的类型和设置场所。但也有的将照明器具作为设计的一部分来展示。

1）树木灯光设计的注意事项

a. 中、大乔木孤植树的灯光设计

适合用于玄关周边，能衬托出灯光设计效果的树木最好是树叶不太茂密的丛生树木。这类树木用聚光灯照射十分有效果，从树木正下方照射后，能欣赏到树木的整体轮廓。有代表性的树木有安息香、常青白蜡、小叶红山紫茎、姬沙罗（日本紫茶）、四照花等。

b. 矮木（灌木）的灯光设计

对皋月杜鹃花类、映山红类等小型树木，采用向底部照射的方式，能表现出更好的灯光效果。但是栽植安装后，这些低矮灌木会慢慢长大并超过照明器具。设计时，需结合未来的树形变化来选择适宜的照

图 3-14-1 门庭植物的灯光设计

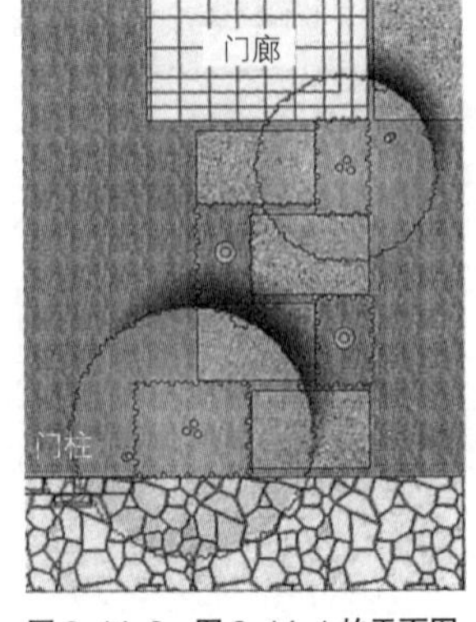

图 3-14-2 图 3-14-1 的平面图

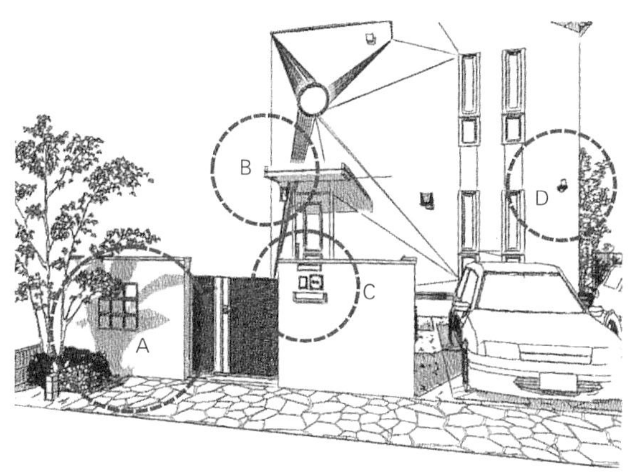

图 3-14-3　安全防范用照明器具

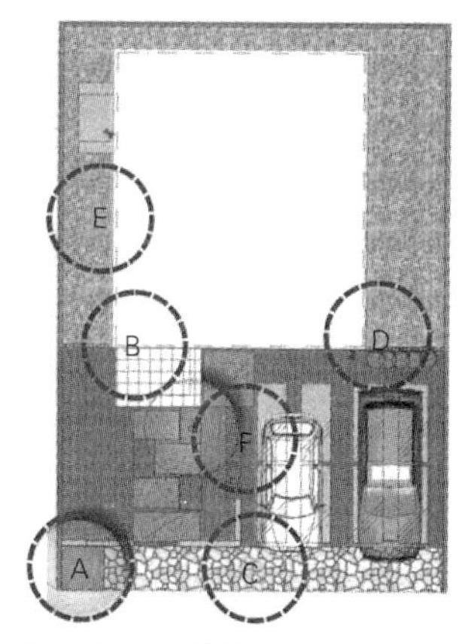

图 3-14-4　平面图

明器具。地被类植物等可采用固定放置类型，能展现器具的设计感。

2）门庭的植物灯光设计案例

图 3-14-1、3-14-2 中的设计，将中、大乔木及矮灌木设置于门庭的各个关键位置上，并配以灯光，让来访者在夜晚也能享受到绿意盎然的杂树林式的风格。应针对不同树木选择相应的照明，演绎夜晚灯光景色的同时，还要关注脚下，确保安全的灯光照度。

孤植树 A 的灯光设计是用 LED 景观灯从地面向上投光照射。矮木（灌木）B 使用的是地面固定安装型景观灯（草坪灯），脚下的光照点亮后，确保了步行的安全。

2 安全防范与照明设计

灯光不仅能用于住宅照明，而且在安全防范方面也很有作用。点亮的灯光可以暗示家中有人，或者安装感应式照明器具，就能让不轨者在心理上产生远离感。

1）有院门的照明设计

图 3-14-3、3-14-4 是考虑到安全防范方面的照明设计。A、C、F 处采用天暗后自动点亮的常夜灯，住宅用地被全面照亮后，能暴露藏在暗处的不轨者。另外，A 处面向道路设置了照明器具，因此也照亮了街区。B、D、E 处采用感应灯，灯光在天暗后会微亮，而人靠近后会明显变亮。这既能惊吓到行为不轨者，也能节省日常照明的电量。

2）无院门的开放式外环境

在城市中经常会看到，没有门庭仅有门柱的开放式住宅类型，谁都可以走入到玄关门口，且户外玄关完全暴露在人们的视野之中。为此，利用照明去起到防范作用和营造氛围的需求，要远远比增设院门做成封闭式环境的需求来得更迫切。开放式外环境的灯光设置应保证站在门廊前，所有的照明均能映入眼帘，应具有视觉认知性、防范性、烘托夜晚氛围这 3 种功效。

3 灯光控制

点亮美丽的夜晚、让户外环境充满魅力的照明也存在无法避免的苦恼问题。其代表性的案例就是，需要针对因照明带来的昆虫聚集现象，以及以这些昆虫为饵食的野生动物，去采取相应的对策。关照这些小动物的生息环境也很重要。

采取的对策是可以使用昆虫类不易聚集的照明方式（如LED照明）、或者采用在必要时点灯而其他时间熄灯的方式。控制照明方式大致分为手动和自动两种。使用开关的手动方式会经常出现忘记打开或关掉的问题，与其这样不如使用自动点灯的方式。自动点灯有三种类型：

1）感应光亮度照明

照明内藏有能检测周围的光亮度、在天色变暗后自动点灯、天色变亮后自动关灯的感应器。有外玄关用的壁灯、门庭的门柱灯等各种结构形式。但是像探照灯那样有较强设计感的进口聚光灯等商品，很少有带感应装置的，因此，需要采取安装其他装置来控制。

2）定时照明

庭院灯可以在指定的连续时间内，自动点亮和熄灭。省去开关操作的麻烦，也不会忘记关掉，可节省能源。

3）带感应开关的照明

天暗后自动开灯，天亮后自动熄灯。也可使用人靠近后能自动点灯的感应器。如果在日照不好的地方设置这种装置，可能感应能力会迟钝。

4 LED 灯光

LED（发光三极管）是半导体内电流流动时发出的光。具有寿命长（约6万小时）、电压低、省电力、可自由调光的特点，因此，成为室外环境的主流照明。另外，由于其发热较少还可兼具其他各种各样的用途。照片3-14-1是利用LED照明的各种灯光设计案例。这个方案发挥了LED照明运营成本低的特点。在各栋住宅的玄关门廊、门庭以及墙壁、树木、地面铺装等部位安置了照明器具，同时也照亮了整个街区，有助于街区的安全防范。

照片3-14-1 用LED照明点亮的灯光设计（“麻布之丘”的案例）

第四章

与植物相协调的材料应用

京都·伏见商业街 水边利用植物造景

4.1 木平台的制作方法

连接客厅和庭院的舒适空间

木平台是连接室内与室外、可与自然亲密接触的舒适的过渡空间，现在对这个空间的需求在不断地扩大。设置场所常位于客厅的延续空间即露台中，也可以应用于服务性小院、浴室天井院、中庭或屋顶平台等其他各类居住场所。木平台的材质有其令人钟爱的特有触感，这对在室内脱下靴子生活的日本人而言，有其特殊的使用方式。夏天光着脚、冬天也可以穿着拖鞋之类的简单鞋具在上面走动。材质、设计以及配备的设备、装置等稍有不同就能决定不同的使用方法。

1 木平台的特点

木平台有各种特点。主要特征如下：

1）作为室内的延续空间，协调室内外

客厅地面为木地板时，将室外的木平台作为室内的延续空间来设计就不会出现不协调感。木平台空间作为半室外空间，可提供室内无法体味到的新的生活方式（照片 4-1-1、4-1-2）。

2）给五官带来亲切感触

木材本身有适度的弹性和柔软度，即便摔倒，头撞到木质地面，也不会严重受伤，它是一个让人放心、安全的材质。另外，用手触摸它不会像金属那般有明显的热（凉）的感觉，看着也很有自然触感，让人感觉是很柔和的材质。

3）隔热效果、吸音效果

炎热的夏季，赤脚在水泥地上很难行走，而木头由于其传导性较差，因而能缓解夏日的酷暑。冬季由于木头内部本身的空气层而使其具有保温特性，这会让人感

照片 4-1-1　在木平台上开派对

照片 4-1-2　挂有吊床的屋顶木平台

觉十分温暖。特别是如果把木平台设置在客厅南侧的话，可以缓和夏日太阳光线对室内的反射。这是木平台使用频率不断上升的一个重要因素。另外，木平台材料多少还有吸音效果，不会让人留意到步行者的脚步声。

2 木平台材料的种类及防腐对策

1）木平台材料的种类

木平台材料种类如表 4-1-1 所示，有耐久性等方面的各种特性。

2）木平台材料的防腐对策

防腐方法有涂抹方式和加压注入方式。涂抹方式需要隔几年重新涂抹，但木平台内侧、骨架部分较难涂抹，如果未能采取连续防腐措施，木材就会被腐蚀。

加压注入法是将防腐剂、防蚁药剂（铜及季铵盐组合物）重新浸润到木材中，可防止腐朽菌、白蚁、螟虫侵入。白蚁通常从柱子中心部位开始侵蚀，从外观很难发现，因此，防腐剂注入材料木芯位置达到何种程度是关键。加压注入法在施工之后，可不必再涂抹防腐剂，比较令人放心。

3 木平台设计

1）木平台周边设计

特意制作的木平台如果未精心布置成令人心情愉快的空间，最终也会弃之一边不用。舒适的户外空间不仅要保证私密性，还应配备一些能让人放松的家具类设施、

照片 4-1-3　用木平台、座椅、植物装点空间的案例

木平台材料的种类　　表 4-1-1

材料名称	蚁木	红杉	陶瓷化木材	黄松
生产国家	马来西亚	加拿大、美国	国内品牌	加拿大、美国
比重	1.12	0.39	根据品牌	0.25
耐久性	10 年左右会腐烂	芯材较好	根据木粉比率而定	耐性高
变形 / 开裂	不容易发生	不容易发生	不容易发生	不容易发生

栽植植物和安装扶手等辅助手段来提高场所的完成度。木平台周边设置座椅、扶手后，就变成了户外客厅，这是让人很容易亲近的空间，能留下家人许多美好的回忆。照片 4–1–3 就是使用木栅栏围合，利用座椅、植物来完善空间设计的案例。

2）木平台地面的细节

地面板材与板材之间的缝隙建议为 5mm 左右（图 4–1–1）。雨水可顺缝隙流走，清扫时，灰尘也能落入缝隙内。

如果仅留出 3mm，则较长的木平台材料稍微弯曲就会将缝隙堵塞住。

木平台地板材的铺装最好不要采用齐缝，而应采取错缝方式，这样就不会让板材的变化过于醒目（图 4–1–2）。木平台以赤脚也能行走为前提，钉子头应钉入木头内并用木栓封口（图 4–1–3）。

端头的处理方式中，能看到地板龙骨的居多（图 4–1–4），但是也有从被风雨侵蚀及美观角度考虑，做成像图 4–1–5 那样，在龙骨平台周围固定上挡板。

3）木平台与绿化

在木平台的端部栽植树木做成植物墙，用木栅栏围合，装饰上吊篮，栅栏一侧与微型厨房配套安置，这里就变成备用的聚会空间。

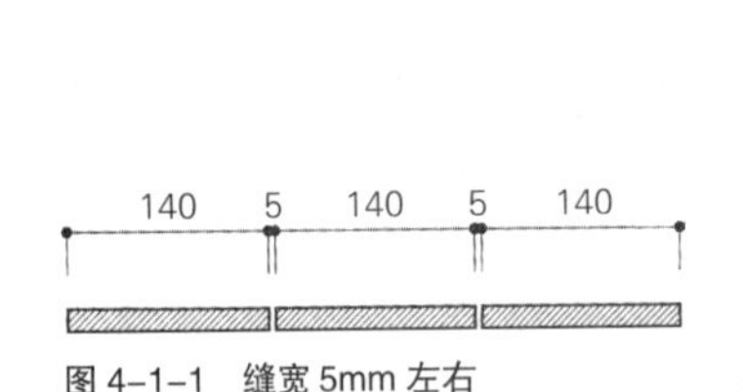

图 4–1–1　缝宽 5mm 左右

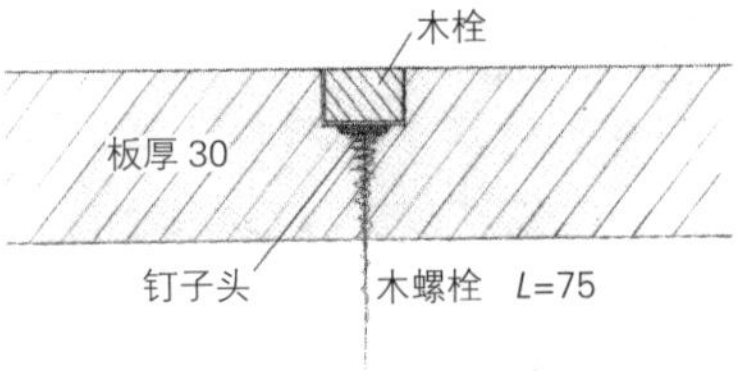

木栓
板厚 30
钉子头
木螺栓　L=75

图 4–1–3　钉子头钉入木材内用木栓封口

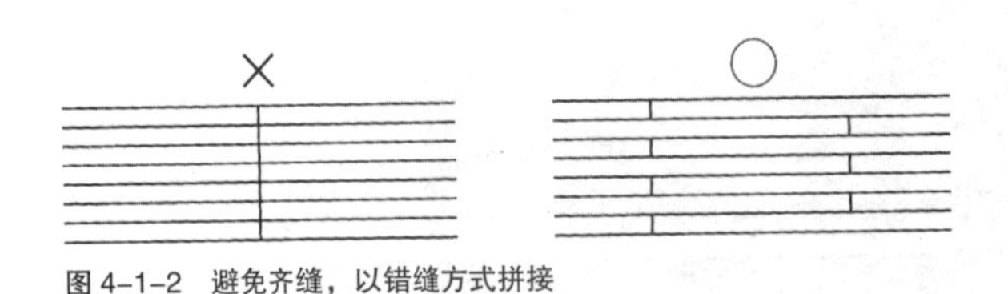

图 4–1–2　避免齐缝，以错缝方式拼接

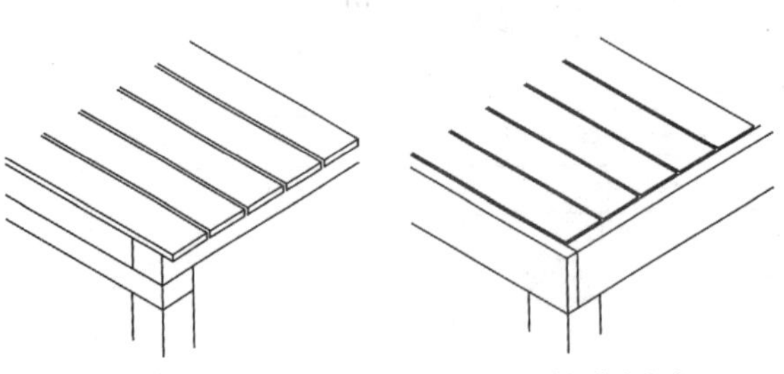

图 4–1–4　挡板不收边方式

图 4–1–5　挡板收边方式

图 4–1–6 的案例是在木栅栏上攀爬藤本植物，遮挡邻居视线的同时，形成了围合空间。虽然是室外空间，但也有内部空间的感觉。

木平台空间是能实现共享木质材料的温暖和感受植物的自然与季节感的舒适空间（照片 4–1–4）。

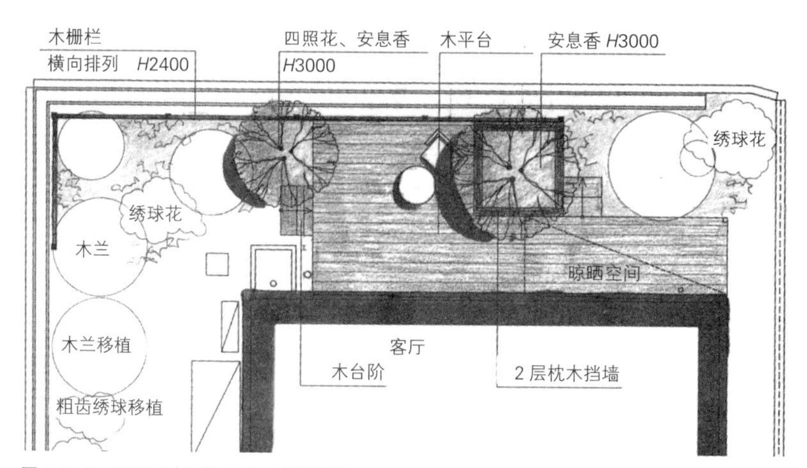

图 4–1–6 平面图（照片 4–1–4 的案例）

照片 4–1–4 木平台一侧栽植树木，并用栅栏围合

4）有领域感的设计

从室内角度观察木平台时，木平台与室外地面的高差关系对空间的开敞度有很大影响。图 4–1–7 的平面图中，从室内角度来观察，A 区域的植物是否抬高至与木平台同高对庭院开阔感的印象会有很大差别。图 4–1–8 是植物低于木平台地坪的高度，此时，庭院固有的高差关系被分隔开，空间看起来较分散。另外，树篱和大乔木看起来都比实际尺度要小。图 4–1–9 是将 A 区域的植物抬高至木平台的高度，这时，能真实地感受到树篱和大乔木的高度，也能整体判断出从建筑到树篱之间的距离。

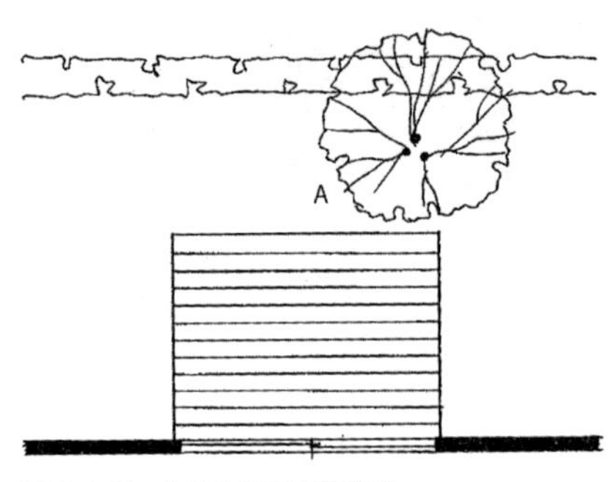

图 4–1–7　木平台与周围的关系

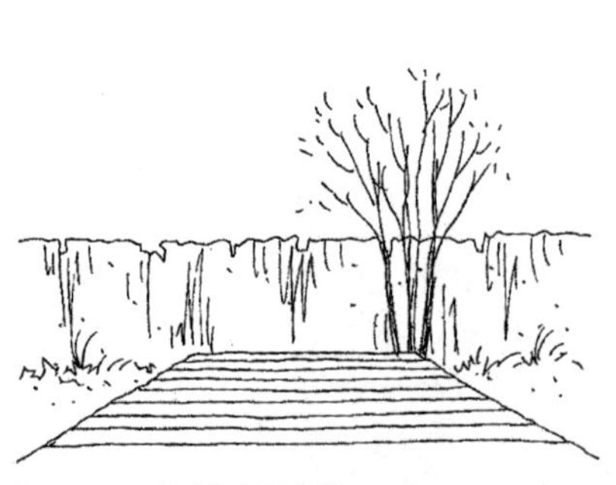

图 4–1–8　植物比木平台低

图 4–1–9　植物高出木平台

4.2 利用枕木为台阶、挡土墙收边

利用植物亲近自然、营造亲切感觉

近几年，枕木在入口通道、花坛的挡墙中被广泛应用。最初，只是将轨道中使用过的废旧枕木用于户外环境设计中，而最近，从海外进口或者新木材特意加工成枕木尺寸去使用的案例开始增多。

1 枕木的特点

截面面积较大的枕木因有一定的重量感而能牢固地挡住泥土、树木、花草等自然元素，也有很强烈的亲和力。另外，在实际中，这种厚重感用于花坛的挡墙，不仅在构造上能起支撑作用，且由于长度较长（通常为 2.1m）而倍受施工工程方面的青睐。

枕木用作台阶时，可在台阶踏面的局部部位栽植草本花卉进行“遮盖”，会打造出如在花田中散步般的柔美门庭。

2 利用枕木的案例

1）用于花坛的护土（收边）

为保证花坛排水良好，园艺用土壤在填埋时中间要比四周高出 20cm 左右。无论从色彩、材料质感还是施工性能等角度考虑，枕木都是用于花坛的挡墙（收边）的最佳要素（图 4-2-1，照片 4-2-1）。

2）堆石挡墙顶部用枕木护土

当原有地块存在已建成的堆石挡土墙时，距堆石挡土墙内侧 50cm 前后，通常是无法栽植植物的。此时，在堆石挡土墙顶部用枕木做护土，使其变成花坛后，再栽植上垂型藤本植物，这不仅给堆石墙体实施了竖向绿化，也美化了街道景观（图 4-2-2、4-2-3）。

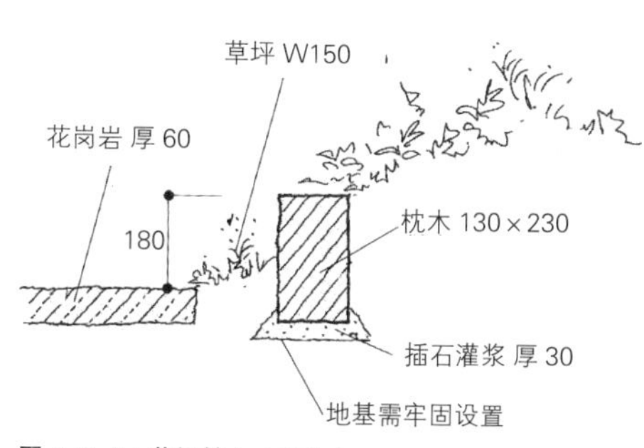

图 4-2-1　花坛护土（收边）

照片 4-2-1　花坛护土的案例

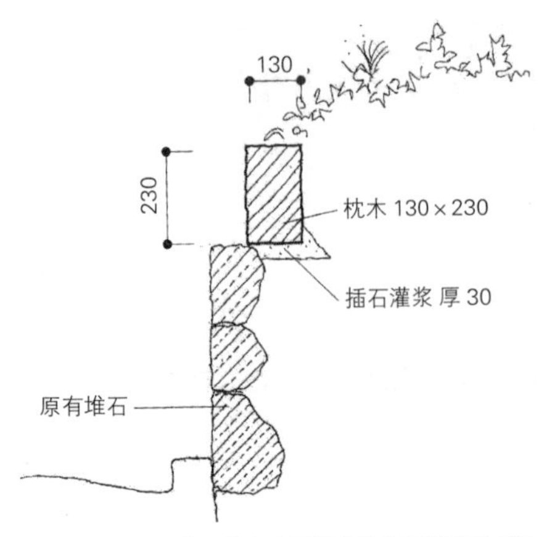

图 4-2-2　堆石挡土墙之上用枕木护土案例的剖面图

图 4-2-3　用枕木护土案例的立面图

3）用于台阶

混凝土、砖、瓷砖等台阶，无论从印象还是从行走方面，都给人坚硬感。枕木台阶则能散发出天然木材特有的柔和氛围。

仅踏面部分贴上瓷砖，缝隙间种上草，即便是门庭的台阶，也能营造成像庭院似的空间（图 4-2-4，照片 4-2-2）。也有踏面和踢蹬都使用枕木的案例（照片 4-2-3）。与混凝土、砖、瓷砖相比，枕木的施工快捷也是其占优势的一个方面。

照片 4-2-2　用枕木做的台阶（图 4-2-4 的照片）

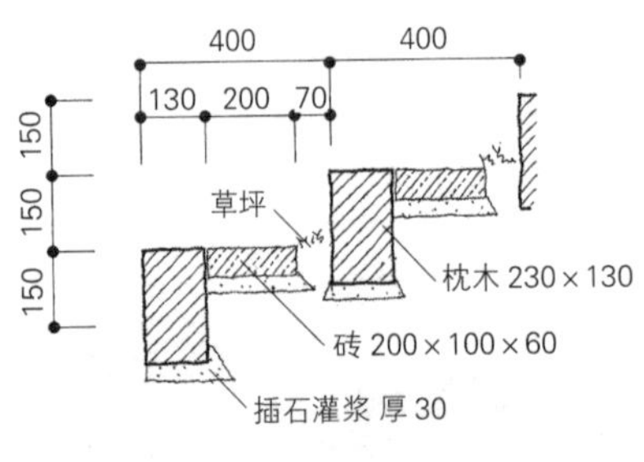

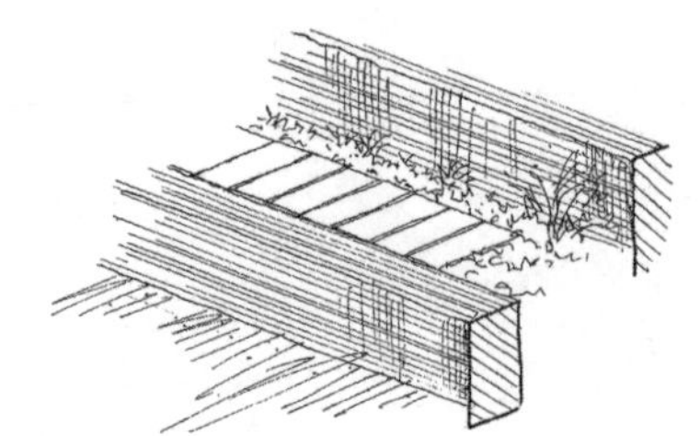

图 4-2-4　枕木用于台阶的剖面和手绘效果图

照片 4-2-3　踢蹬和踏面均用枕木的台阶

4）用作栅栏的骨架

以强有力的枕木做成的枕木围墙能强调出空间的领域感。另外，如果在枕木骨架上安装的金属网栅栏上缠绕植物的话，枕木除了具有栅栏的功能外，也能变成植物的辅助支撑构件而成为庭院的重要元素（照片 4-2-4，图 4-2-5）。随着植物的生长，枕木慢慢地被遮盖住，若隐若现中，与周围环境融为一体，随着岁月流逝，逐渐就变成具有浓郁沧桑感的栅栏（照片 4-2-5、4-2-6）。

照片 4-2-4　用于栅栏骨架和花坛收边

照片 4-2-5　枕木栅栏骨架（竣工后不久）

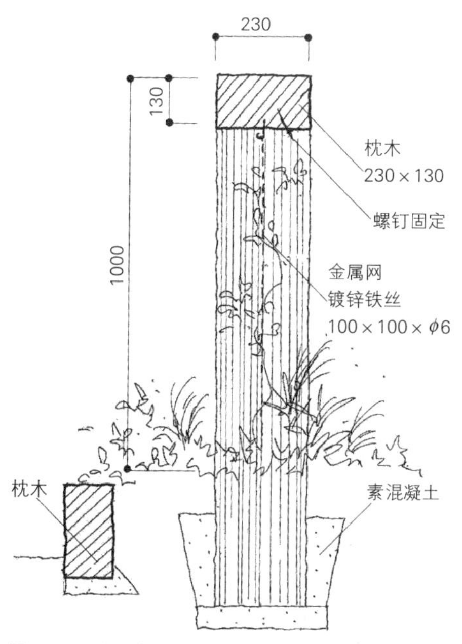

图 4-2-5　枕木栅栏的剖面图

照片 4-2-6　几年后金属网上长满植物，枕木若隐若现

4.3 木栅栏的制作方法

与自然和近邻相互融合的方便材料

栅栏是区分道路与居住用地、邻接用地与居住用地的分隔构件，如果使用金属制品，在形状制作方面会有一定的难度，而采用统一样式又会给人冰冷的印象。这里介绍一个能给人温暖感的木栅栏的制作方法。

1 木栅栏的特征

木栅栏可结合各种情况制作加工，与植物也很搭配。因为给人柔和的感觉，所以也很少会给邻居带来压迫感。再装饰上吊篮等花卉，对庭院而言，算是个不错的景观场所。

2 栅栏各个部位的设计要点

1）顶部的设计方法

木栅栏或金属网栅栏的支柱使用木材时，柱子的横断面的切口应收得完美一些，这在设计审美和防腐方面都十分重要。欧式方案中，会加强栏杆柱头压顶的装饰设计。用摆置花盆来装饰柱头压顶的方法也很时髦（图 4-3-1）。这和日式设计中，为强调贯通的水平线而使用横木的方法具有相同的作用。

2）主体的制作方法

木材的拼接方式、涂抹材料的色彩不同，对木栅栏的印象也会大相径庭。应从与建筑的协调及整体设计理念的整合性来做相应的判断。

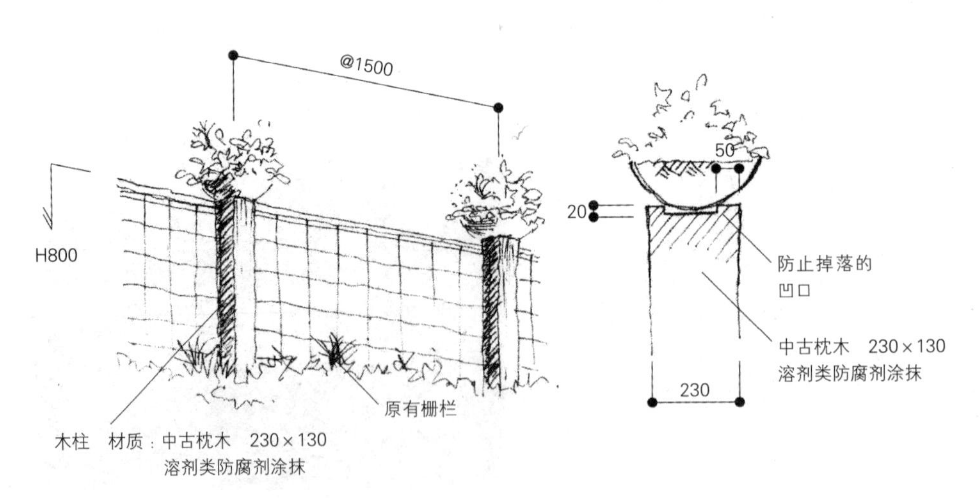

图 4-3-1　柱上放置花盆的收口处理

通常纵向排列方式为日式风格，涂抹白色油漆的方式为欧式风格。

最近，欧式风格的建筑物增多，横向排列方式占了主流（图 4–3–2），这些方案采取的大都是强调水平线的简洁设计，中间留出 20cm 左右的空隙，空隙之间可以透过光和风，这对建筑而言，也是个必不可少的设计要点。

3）根部的设计方法

栅栏的根部种上草本花卉，可以隐藏挡土墙的顶部或者栅栏底部的水平线，能营造出柔美的氛围（图 4–3–3）。

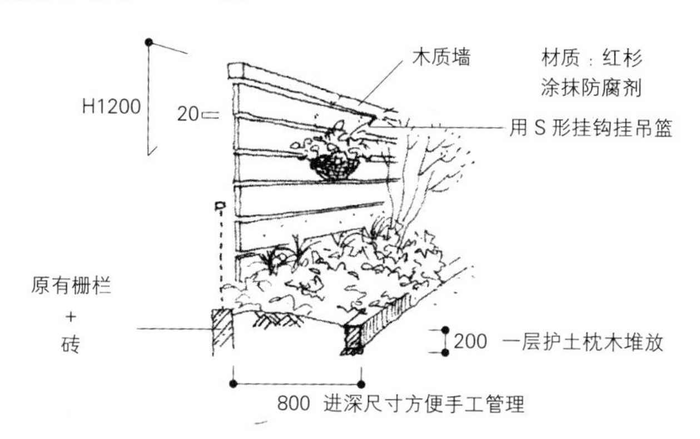

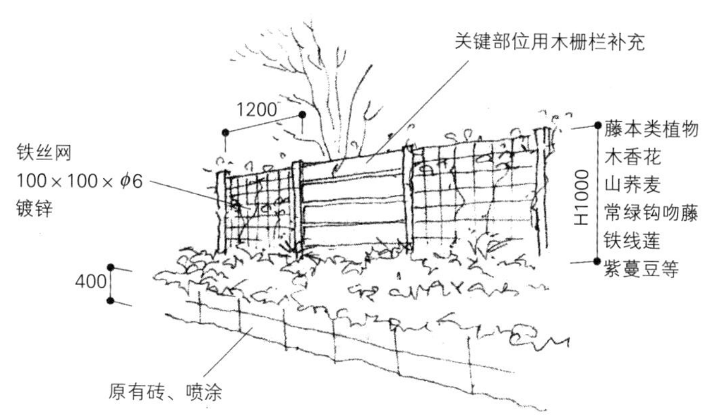

图 4–3–2 缠绕上藤本植物做成能欣赏植物和花卉的栅栏。为道路和街区带来绿意和花卉

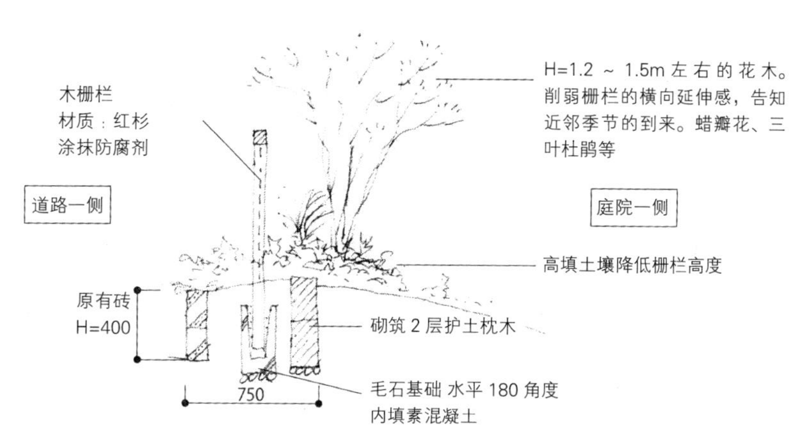

图 4–3–3 图 4–3–2 基础部分的剖面图 栅栏看着像立在植物群中的设计方法

3 各式各样木栅栏的设计

根据设计的意图并结合建筑和环境，能做出各种木栅栏的设计。

照片 4-3-1 是在已有铁栅栏的中央部位仅固定了一张木制横向板材的设计，成本极低且施工方便。虽然是铁栅栏，但通过一张横木板的木质印象柔化了外观形象，使其自然地融入庭院的植物之中。

照片 4-3-2 中，在居住用地的边界部位搭配栽植植物，木栅栏上装饰了栽有季节性草本花卉的吊篮，为街区景观增添不少色彩。

照片 4-3-3 是将纵向木板的长度逐步加高，设计成波浪状的木栅栏，顶端的边缘轮廓形成渐变的曲线。如果横向骨架使用弯曲的钢板，则在平面上也能设计成自由的曲线形状。这种设计与英式庭院风格较相似。

照片 4-3-4 是在稳固的骨架上插入纵向板材的木栅栏。这种设计让栅栏前面和后面的植物景色融为了一体。由于没有通风用的缝隙，故需要使用强度较高的骨架结构。

照片 4-3-1 铁丝网栅栏用一张横板固定（设计：猪狩达夫）

照片 4-3-2 用吊篮装饰格子形栅栏

照片 4-3-3 高低波状起伏、也可前后起伏的栅栏形式（设计：熊泽良彦）

照片 4-3-4 坚固的骨架上拼贴纵向木板

4.4 人工材料与绿化的衔接

无边界设计要点

户外环境的铺装材料或组合材料中，经常使用砖、瓷砖、混凝土砌块、石材或枕木等材料，这些都是给人带来生硬感觉的材料。而停车位、门庭等位置，由于硬铺装材料使用较多，这种生硬感会影响到人们对庭院的印象。此时，如果植物使用恰当，就能起到软化构筑物生硬外表的作用，完成构筑物与植物融为一体的造型设计。这种方式不仅能针对铺装材料，在挡土墙及门柱设计中也同样适用。

另外，栅栏底部一般不太希望被看到铺装材料的切口。在这里，植物的重要作用就是隐藏这一部位，使其边界变得模糊。

1 铺装材料与植物的衔接

混凝土连锁块或沥青铺装中，如果暴露端部的切口看起来会不美观，端部也较易断裂，在细节上就无法保证品质。这种情况可以像图 4-4-1 那样适当隆起地面，然后栽植抗踩踏的常绿草丛，随着时间的推移，植物会慢慢蔓延并遮盖到石材上，这既隐藏了切口，也柔化了整体外观（照片 4-4-1）。

图 4-4-1　抬高铺装面层的周边

抗踩踏的草丛类植物有：百里香类、韩信草、玉龙草、头花蓼等。

2 挡土墙与植物的衔接

住宅用地周边经常会有堆石或混凝土挡土墙，由于其长度较长，往往会产生厚重感，在视觉上，也很煞风景。顶部低于视线的挡土墙能够完全看到端部的切口，会给人留下厚重粗糙的印象。

照片 4-4-1　铺装材质与植物的衔接

如果可能的话，可以在顶部栽植植物，用柔软、能下垂的植物品种来遮盖表面，能展现植物的活力和情趣（图 4-4-2）。此时，如对单调的挡土墙还用规则的方式栽植植物的话，就会更突显出单调乏味的感觉，因此，这里植物要尽可能以自然而多品种的方式混合栽植。以常绿植物为基调，个别地方种上季节性花卉做辅助搭配，也能为街道增添美景。下垂且健壮的植物有洋常春藤类、蔓马缨丹、蔓长春花、蓝茉莉等。

图 4-4-2 挡土墙与植物的衔接

3 门柱等构筑物与植物

栅栏或门柱底部有时能看到基础的抹灰，有时门柱和地面铺装之间也会存留砂石，这些都是煞风景的因素。另外，如果仅看到孤立的构筑物就会有种类繁杂的印象，反而会产生拥挤感。在底部统一栽植乔木、灌木、地被类等植物进行全部遮挡，构筑物就可以像埋没于植物丛中一样与植物融为一体，削弱了构筑物的体量感，形成整齐而统一的空间（图 4-4-3）。

图 4-4-3 让构筑物隐匿于植物群中

再进一步，如果在背景栽植中、大乔木，削弱门柱的高度，则会给人放松的感觉。适合底部栽植的植物有百子莲、圣诞蔷薇、岩石南天竹、薰衣草之类的常绿且有季节感的品种。

4.5 不长杂草的自然铺装

管理轻松的庭院才是人性化的庭院

有效发挥绿化设计的另一种方法就是在某些地方禁止植物生长，而仅在需要的地方做重点维护管理。人们大多期望能在庭院中尽享欢乐，但实际的庭院等来的是与杂草的斗争。现实的问题是，从早春开始到秋末，常常会把户外环境的维护管理工作浪费在处理不断长出的杂草上。近几年，随着老龄化问题的加深，驱除杂草变得越来越是个负担，为整理庭院感到头痛的案例也开始增多起来。

1 风化花岗岩土硬化铺装

应对杂草的对策之一是用固化土壤（风化花岗岩土硬化铺装）。风化花岗岩土硬化铺装是将天然的土壤通过洒水使其固化，防止杂草生长。即使植物的种子飞落过来，也不易生根发芽。照片4–5–1、4–5–2是施工前后的照片。风化花岗岩土硬化铺装有以下优点：

①不使用任何药剂，土壤本身为弱酸性，较接近自然土壤，安全、无害、防止杂草生长；

②具有渗水性，雨水可渗入地下，防止雨季泥泞；

③由于它是天然材料，撤走时可将其粉碎再利用；

④与混凝土相比热反射少，有调整微气候的效果。

2 施工时的注意事项

施工中的注意事项如下：

①与混凝土同样属于硬质铺装，因此，如果表面处理不平整就容易积水，而水渗入地下时间过长容易长青苔。应用泥刀平滑地抹平，准确地做好找坡处理，以保证排水顺畅；

②施工完成后需要养护3天左右（停车的面层需要1周）。

照片4–5–1 风化花岗岩土硬化铺装前

照片4–5–2 风化花岗岩土硬化铺装后

4.6 岩石园的魅力

岩石与植物交相辉映的空间

岩石园是将岩石组合堆放，并在石缝空隙处栽植高山植物的花园类型。在坡地地形，可以替代护土用的挡墙。且由于是岩石园，在挡住外渗土壤的同时，更能酝酿出岩石与植物交相辉映的情境。

1 岩石园的特点

岩石园除了它独特的理念外，还隐藏着很多有利于植物茁壮成长的优点。岩石的种类中，熔岩类最有利于植物生长。熔岩石对空气的吸水性较高，因此，下雨或灌溉时易于蓄水，且排水性能较好，具有防止植物干枯、自然调整水分的功能。岩石不宜向土壤中传热，埋入土中的岩石可以保护植物抵抗夏天的酷暑，岩石底部可调整根部的冷暖变化，促进植物生长发育。能照到太阳的地方种上喜阳品种，岩石的影子部位，应栽植不抗风或耐半阴的植物。在这里可以栽植普通庭院中不易生长的高山或寒冷地的植物，这也是其魅力之一（图 4–6–1）。

搭配石头时，以最大的岩石作为整体的核心，大小不同的石头几块一组地搭配组合，最后要确定好土壤埋入和裸露部分，保持整体的安定感。

2 设计施工的关键点

1）设计的注意事项

岩石的选择方法及施工注意事项如下：

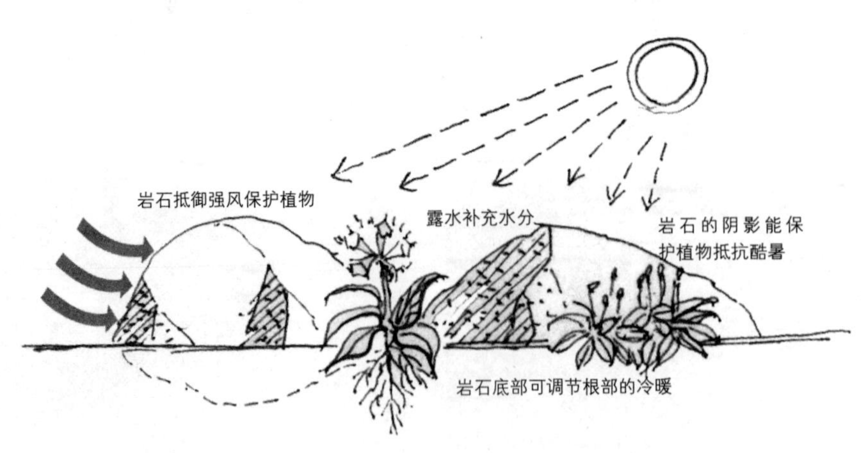

图 4–6–1　岩石园概要

①在坡地地形做岩石组合时，石头之间应适当留出一定间隔，以保证排水通畅；

②使用渗水较好的土壤，庭院土中可适当混入珍珠岩及少量有机肥；

③岩石种类建议选择有空气层、吸水性较高、能防止植物干枯的熔岩类；

④坡地倾斜度应低于 30 度；

⑤建议选择生长发育缓慢、株高较低、略喜干燥的植物；

⑥应栽植喜阳、喜阴等多种类植物。此时，应根据植物特性慎重决定栽植在岩石的哪一侧。

2）适合岩石园的场地及植物

住宅用地边界上的低矮挡土墙兼做护土的部位、开放式花园中的前庭等场地均适合建造岩石园（照片 4-6-1）。适合岩石园的植物一般是生长发育缓慢、植株高度较低的植物或偏喜干旱的植物。代表的植物有：海石竹、日本岩沙参、欧石楠、蓝星花、燕子花、菊花、小叶韩信草、高山蒲公英、矮生吊钟花、报春花、长白耧斗菜等山野草类。

3）施工中的注意事项

通常户外环境的岩石园工程很简单，轻松地就能营造出魅力十足的景观。在岩石园的施工过程中，对土壤的整治很重要。为保证土壤良好的渗水特性，庭院土壤中应混入珍珠岩或细小的碎炭、有机肥等。岩石组合时应适当留出一定间隔，以保证排水顺畅。植物应选择以山野草为主的多品种多年生草本植物。应尽量做到，即使季节变换，仍能保持绿意盎然的景致。摆放岩石应有朝阳和背阴的区分，且应具备防风、护土的作用（照片 4-6-1）。植物应靠近岩石的哪一侧栽植需好好斟酌，有些品种需栽植在风力较弱、喜半阴的地方，而有些品种则需栽植在喜阳的地方。

岩石园的魅力在于用岩石营造出丰富多样的自然环境，是能展现出丰富的季节表象的空间（照片 4-6-2）。春天到夏天，植物遮盖在岩石上盛开出娇美的花朵，石头几乎被隐藏起来。到了冬季干枯时节，石头的肌理展现出来，变为园中的主角。

照片 4-6-1　替代护坡挡土墙的岩石园

照片 4-6-2　门庭前横向设置的岩石园

4.7 用金属网栅栏、格架做园林绿化

被遮隐装置也能让人赏心悦目

使用于日本庭院中的竹篱笆若隐若现于庭院之中，赋予了庭院万种风情。竹篱笆本身有竹子的美感，绑扎的纹样也是妙处所在，作为艺术作品欣赏也极富情趣。与用厚实的砖墙分隔出来的欧洲庭院不同，它以若即若离的感觉将空间分隔开来。这种设施是日本人容易接受且备受青睐的户外环境产品。

1 活用格架

格架（Trellis）的本意是“格子”、“格子状”，多指能让草本花卉的藤本植物缠绕到格子上的设施。

使用金属网栅栏的格架，若隐若现地放置于庭院之中，格架本身作为植物的辅助设施散发出季节的气息，有时反而会变成庭院的主角。

2 金属网栅栏 / 格架的有效使用方法

1）遮盖不想看到的东西

门面狭窄的城市住宅，经常会困惑于庭院景观中混入邻居日常生活场景。金属网栅栏 / 格架可以有效发挥庭院中植物这一构成要素的作用，从而解决这个问题。

照片 4-7-1 是京都临街房的庭院，格架的另一侧是厕所和浴室，这里有着不想被看到和不想看到的双向需求。清楚这种状况和现状后，可以栽植缠绕性的川鄂爬山虎，就看不到有什么存在了。还能确保通风，这就是格架的长处所在。

2）在庭院中做出另一种空间

在做庭院功能划分时，金属网栅栏 / 格架是一个十分有效的设施。如果想栽植和欣赏可以向人炫耀的蔷薇类藤本植物，就可以在庭院中设置一个金属网栅栏 / 格架式的遮挡墙。

照片 4-7-1　用金属网栅栏 / 格架遮挡住生活场景

照片 4-7-2 中设置的是 L 型格架，让蔷薇充分地展露出来。格架的一侧实际上是一道砌块墙，没什么情趣，蔷薇的出现让它的存在感顿然消失。从格架的另外一侧也能欣赏到，因此，更映衬出蔷薇的美景。这是把想展露的部分有效地展现出来的成功案例。

照片 4-7-3 是在宽阔庭院的客厅前的部分，用金属网栅栏 / 格架另辟出一个庭院空间的施工案例。格架用枕木做强力骨架，在庭院内打造出一个沉静的过渡空间领域。

照片 4-7-2　用格架做成蔷薇墙

照片 4-7-3　用格架围合出来的庭院一角变成有沉静氛围的空间

3）围合的舒适感

如图 4-7-1 所绘制的那样，用格架围合出的空间，遮蔽了外界的视线，被绿意所包围后变成一个能忘却烦恼、舒缓心情的空间。透过金属网格的间隙，从正面能完全看到内部，但从远处看，线则变成了面而起到了墙壁的作用，从而能体味到围合的舒适感。

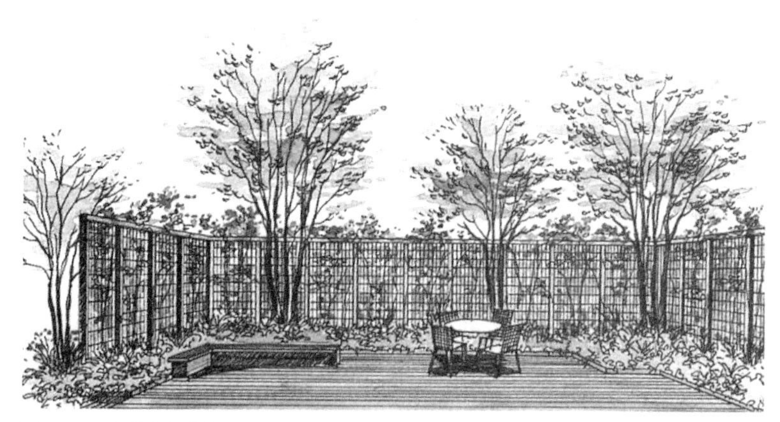

图 4-7-1　用格架围出舒适的空间

4.8 与天然石材协调的绿化设计

能展现材料质感的组合方案

建造庭院的基本前提是用能轻松打造出沉静氛围的天然石材和植物进行搭配组合。为了能达到相互衬托的效果，在设计阶段，就应认真分析和研究石头的使用方法、相匹配的树木种类。为高效地完成设计，建议事先确认一下石材的质感及树木的树型。

1 天然石材与植物协调设计的注意事项

1）与石块组合的协调

树木与石块组合搭配使用时，植物不能破坏不同形式的石块组合所营造出来的空间感觉。日本庭院中称这种树木为“役木（日本庭院中为营造庭园氛围而栽植的庭园树木－译者注）”。这种役木，并不是最初就确定必须有的，而是为了做出庭院景观的意境，经过漫长岁月的磨炼逐渐定格下来的。

2）与天然石挡土墙相协调的植物

对于用自然石材堆砌的挡土墙或护坡而言，为展现石材的质感，理所当然，植物起着非常重要的作用（照片 4-8-1）。如果以协调统一为最终目的，那么，也就不需强调是日式风格还是欧式风格。如果是日式风格的石头，可以选用杂木或多年生草本植物，做成自然风格的设计，能营造出让人身心放松的空间。户外环境中，挡土墙通常需要从道路一侧退后一段距离，可以在挡土墙与道路之间搭配栽植植物来缓解压迫感。在建筑规范中，不同地域规定的红线退后距离各不相同，应事先确认后再做设计。

从道路边界开始的红线退后区域到挡土墙之间，如果仅存有很小的空隙，建议不要填塞混凝土，而是做成砌块混凝土绿化（slit green），这样挡土墙的底部就会融于自然之中。

照片 4-8-1 堆石挡土墙的上下均栽植植物

照片 4-8-2 山村风格的铺石做出的门庭

3）铺石

铺装材料中，富有自然气息的石材倍受青睐，应用的案例也很多。石材的色调和质感种类繁多，绿化设计时应能衬托出石材的这种存在感（照片 4–8–2）。从材质考虑，可以选择花岗岩或砂岩的板岩，铺装方式有网格交错铺装、砖错缝铺装、机切面铺装、水纹铺装等。无论哪种方式，都不建议做全面铺装，而应结合纹理局部栽植植物、或者铺上马蹄石、鹅卵石作点缀。

2 案例①粘贴欧式石材的门庭

欧式风格的户外环境，为了不破坏石材的自然气息，大多会栽植杂木或者有清爽感觉的树木，但也可以使用开花树木表现明朗的氛围、或者使用果实树木增加情趣。大量使用明快感觉的地被类植物或观叶花卉，能给人以亲和感（照片 4–8–3）。与欧式石材粘贴风格相协调的植物如下：

1）树木

①常绿大乔木：青冈栎、常青白蜡、小叶青冈、具柄冬青、银荆树、杨梅等。

②落叶大乔木：安息香、加拿大唐棣、羽扇槭、大花山茱萸、四照花等。

③常绿中矮木（灌木）、矮木（灌木）：大花六道木、澳迷迭香、橄榄、圣诞欧石楠、继木、狭叶十大功劳、东方金丝桃、草莓树、多花红千层、红花厚叶石斑木、欧洲冬青、红叶石楠等。

④落叶中矮木（灌木）、矮木（灌木）：绣球花、溲疏类、蝴蝶荚蒾、栎叶绣球、肉桂、金链花、麻叶绣线菊、日本绣线菊、银姬小蜡、珍珠绣线菊、欧丁香等。

2）草本花卉类

①观叶类：春黄菊、假荆芥新风轮菜、樱桃鼠尾草、薰衣草、迷迭香等。

②其他草本花卉：线叶艾、石刁柏、屈曲花、飞蓬、圣诞蔷薇、柳叶马鞭草、宿根龙面花、马鞭草、老鹳草、狼尾草、南非菊、马樱丹等。

3）地被植物

①观叶类：葛缕子、百里香类、匍匐百里香、凤梨薄荷、匍匐迷迭香、罗马洋甘菊等。

②其他草本花卉：过江藤、草皮、匍茎通泉草、蔓长春花、珍珠菜、铁线藤等。

照片 4–8–3 红色花岗岩切割面层做出的欧式门庭

3 案例②使用日式花岗岩的门庭

照片 4-8-4 是在花岗岩台阶与马蹄石做成的门庭中，用造型松树与能联想到“日式”风格的杜鹃花类灌木、具柄冬青和安息香等自然杂木搭配组合，形成了开放式户外环境。这种设计不仅能与地域风格相融合，也能有效地促进当地树种的使用。与日式风格的玄关相协调的植物种类如下：

1）树木

①常绿大乔木：青冈栎、铁冬青、小叶青冈、具柄冬青、全缘冬青、厚皮香等。

②落叶大乔木：昌化鹅耳枥、槭树类、麻栎、 栎、紫薇等。

③常绿中矮木（灌木）、矮木（灌木）：乌心石、丹桂、皋月杜鹃、厚叶石斑木、瑞香、映山红类、南天竹、柃木等。

④落叶中矮木（灌木）、矮木（灌木）：小紫珠、日本吊钟、少花蜡瓣花、三叶杜鹃、木槿、棣棠、连翘等。

2）草本花卉

玉竹、虾脊兰、洋牡丹、桔梗、玉簪、阿里山樱花、蝴蝶花、秋牡丹、白芨、韩信草、珊瑚钟、大吴风草、射干、短柄岩白菜、金知风草、佩兰、小杜鹃、千屈菜、日本裸菀、紫叶鸭跖草、阔叶山麦冬等。

3）地被植物

匍匐筋骨草、金钱薄荷、吉祥草、丛生福禄考、石菖蒲、玉龙草、马蹄金、头花蓼、富贵草、紫金牛、野芝麻等。

4）苔藓、蕨类植物

拟金发藓、桧叶金发藓、大灰藓、大桧藓、红盖鳞毛蕨等。

但在实际设计中，应遵循日式或欧式风格的设计理念来搭配组合，也有结合现代风格给人时尚印象的外环境设计。天然石材今后也会以各种各样的形式应用于设计中。

照片 4-8-4 用花岗岩台阶与马蹄石做出的日式风格玄关

第五章

户外环境与街区绿化设计

鹿儿岛·知览 用堆石和混合密植修剪的绿篱营建景观

5.1 让道路空间变宽阔的连续停车位

建立街区景观意识

美化街区是谋求与环境整体的协调性和个性化的共存。“街区”景观中，即使住宅与公共绿地的边界是直线状排列的，也可以利用绿篱、大乔木等外环境设计，使绿化边际线与道路空间呈舒缓的波浪状，这样才能展现出街区的美丽景致。

1 半公共区域的设计

停车位和门庭均属于私人用地，但在视觉上是半公共空间，应依照统一的设计理念来设计。

设计注意事项总结如下：

①停车位以及门庭应一体化，也可以几户一组进行一体设计。各用地内沿道路部分做半公共空间，相邻两户应在视觉上保证其连续性，沿道路一侧的边际线可设计成连续状。

②半公共区域与私密区域的交界处可利用绿篱进行分隔，通过扩大道路空间来营造街区景观（图 5–1–1、照片 5–1–1）。这一类型的道路边界线尽量不以两侧对称的方式呈现，而应富有自然变化，如果各住户的停车位所用的铺装材料与道路相同，则更能展现出效果（照片 5–1–2）。这种方式的道路边际线，时而围合出狭窄空间营

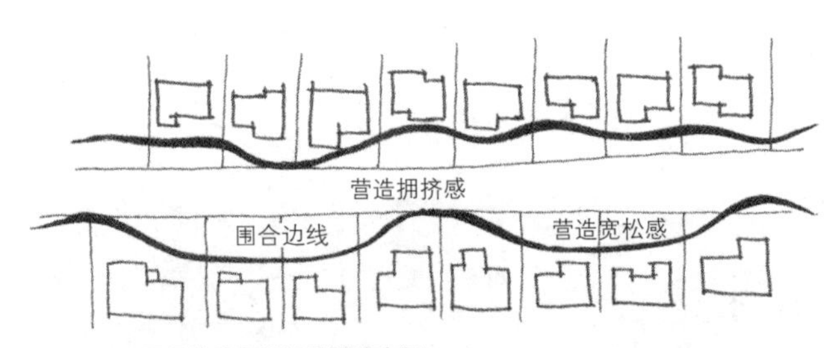

图 5–1–1 用绿篱边际线扩展道路空间

照片 5–1–1 利用绿篱扩展道路空间的案例

照片 5–1–2 统一道路与停车空间的铺装材料

造出拥挤感，时而围合出宽松空间营造出开阔感。这种变化的形式与材质、色彩交相呼应，营造出美丽的街景。

2 有序设计停车位空间、营建街区景观

对街区进行规划设计时，还可以借助交流的魅力来开展设计。通常住宅用地的占地面积是通过绿篱等围合出来的院门及停车位空间的出入口来做分界的。先要观赏到街区美丽景致，因此围合长度需达到一定规模才能表现出来。这时，有效的改善措施就是对停车位采取有规划的设计，以保证街区空间的连续性。相邻住宅的停车位，以配对方式组合设计（图 5–1–2、照片 5–1–3），门庭的出入口及构筑物从道路一侧后退至住宅用地内,以便从步行景观（行走景观）角度去观察时不至于太醒目。如果道路与用地边界设置模糊，反倒能给街道带来统一感，可提高居住者之间的交流意识。竖向停车（照片 5–1–4、图 5–1–3）也同样。市政与民宅用地边界上，相邻的两栋住户连体设计，通过无边界方式将街道与居住融为一体（照片 5–1–4、图 5–1–3）。市政与民宅边界的宽度、高度、材料、色彩以及设计应协调统一，才能形成富有魅力的“街区景观”。

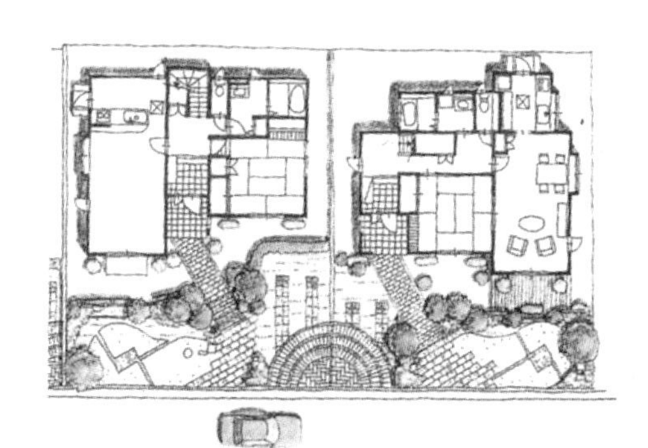

图 5–1–2　配对设置的停车空间案例

照片 5–1–3　配对设置的停车空间案例

照片 5–1–4　纵向停车设计

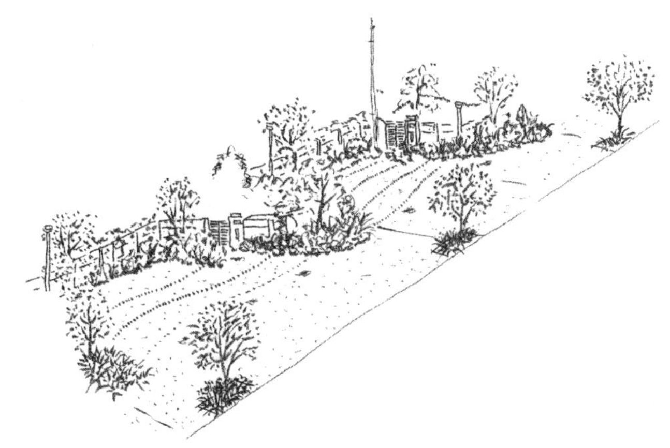

图 5–1–3　纵向停车设计

5.2 制定红线退后准则

为美化街区和营建景观做贡献

想要营建户外环境的美丽街景，对面 3 户中两两相邻部分的设计方针应相同。以“私地公景”的思想（个人私有用地中，能从道路一侧观赏的部分应为公共景观做奉献）为基础，道路一侧的用地边界向居住用地内退后，为美丽街景和营建景观做奉献，这是每户居民的责任，也是对街道上的步行者及环境的关爱。

每个居住建筑可能都会有各自的特性，但是，如果对红线退后区域进行统一规划后，就能控制好“统一与个性”的平衡，如果设计风格再采用山村野趣式的景观，就会变身成为环保型的街区。设计时的注意事项总结如下：

①墙体红线退后距离，即使是建筑规范规定以外的用地，各个区域范围也应该自觉定出退后区域，完成其建设需制定绿化带的设计标准。另外，还需签署相应的符合建筑规范和城市绿地法规的绿地协议，以确保该标准能够实施，较为有效的手段就是向行政机关提交报告（图 5–2–1）。

②红线退后区域与道路部分的植栽、面层材料应满足整合性原则来开展组合设计，这可以保证居住区与街区的一体化（照片 5–2–1）。

③红线退后区域禁止使用门柱、停车位遮阳棚之类的构筑物，应以绿化来丰富街区的植物景观。同时，门庭的设计意象及景观孤植树、围合的绿篱形式等，也应整体统一设计，其效果会更明显。

④对红线退后区域的管理，建议另行制定共同委托的管理法则和体制。

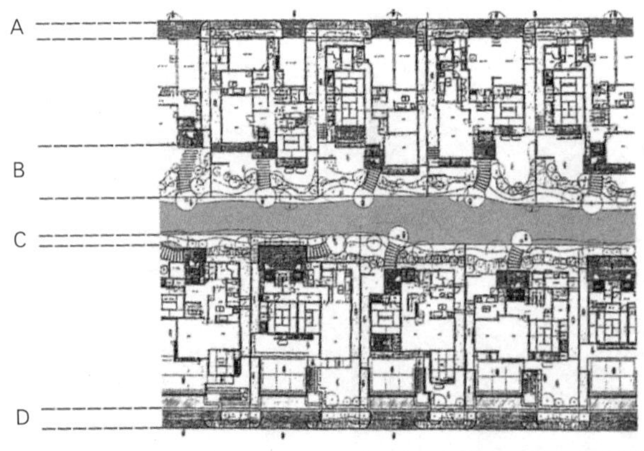

图 5–2–1　红线退后区域总平面图（A、B、C、D 各部位为红线退后区域）

照片 5–2–1　通过建筑规范制定出红线退后区域的案例

5.3 利用孤植树作林荫道

即使没有行道树也能做出林荫道

林荫道能将四季的花卉、香气、果实、小鸟等融汇在一起，提高环境的舒适度。在各个居住用地的红线退后区域内栽植孤植的景观树，这些树木连续栽植后，整个街区就像被林荫道的环带所包围。设计中的注意事项总结如下。

1 林荫道设计的注意事项

①在居住用地内有规划地栽植大乔木，使其形成林荫道。在道路两侧的私有住宅用地内，有规划地栽植孤植景观树。这些景观树木连续栽植后就变成林荫道。同时，再对绿篱、前庭的花园、用地边界等空间做好绿化，就能保证整个街区的连续性（图5-3-1、照片5-3-1）；

②应考虑到树木长大后的应对措施，选择居住者能接受的树种。此外，还需制定出相关管理细则（建筑协议等）；

③也可不必在所有的住宅用地内栽植孤植的景观树，在街道的入口或拐角等视线焦点区域，搭配栽植大乔木，其他用地则以绿篱为主进行绿化，也是十分有效果的。

2 适合孤植的景观树木

住宅用地内，适合孤植的景观树木列举如下。应针对目的和外观效果选择相应的品种。

①适合住宅用地、有沉寂感且不太高大的树木：榔榆、橄榄树、连香树、三角枫、日本七叶树、大花山茱萸等。

②有亲近感、能欣赏四季变化的树木及红叶树木：安息香、国槐、丹桂、日本辛夷、茶梅、紫薇、山茶花类、合花楸、合欢、玉铃花、大花山茱萸、紫玉兰、枫树类等。

③红叶及春季新绿时较美的树木：

红叶：槭树类、日本吊钟、合花楸、乌柏、卫矛等。

黄叶：五角枫、连香树、榉树、日本七叶树、橡树、榆树等。

新绿：安息香、槭树类、榉树、日本七叶树、山樱、四照花等。

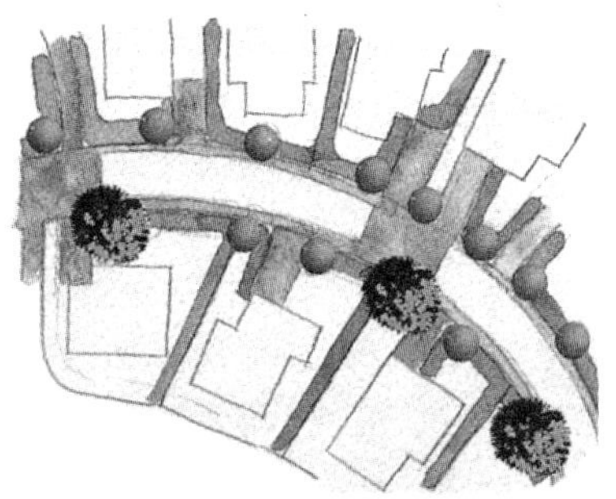

图5-3-1　住宅用地内的高大乔木形成林荫道

照片5-3-1　住宅用地内的高大乔木营建出林荫道

5.4 住宅用地边界的设计

住宅的用地边界决定了整个街区的氛围

住宅用地边界是指公共空间的道路与个人住宅用地的边界线。此部分如何设计是决定街区形象的重要因素。

对于用地规模较小的住宅用地，可通过在边界区域连续栽植草本花卉或树木来确保绿化，提高街区品质。地形有高差的住宅用地，从道路一侧开始以逐渐升高的台阶式栽植方式栽植多层次植物，做成能展现四季变化且有体量感的边界，这能让步行者赏心悦目。以下通过几个案例阐述设计时的注意事项。

1 控制高度的用地边界设计

从建筑的基础开始到道路之间全部密植矮木、灌木，其间再插种各种中、大乔木，就成为兼备安全防范对策的高品质景观（照片 5-4-1）。

住宅用地与道路的交界处，利用地被类植物做成无边界式设计，则街区与住宅融为一体后，能增加亲和感觉（照片 5-4-2）。如果地势稍有高差，以植株高度逐步抬升方式进行多层次绿化，能展现出高雅感觉（照片 5-4-3）。

2 运用天然石材做有品位的设计

1）坡面粘贴大型石块、顶部栽植植物的方法

图 5-4-1 是自然感觉的大型石块与植物的和谐搭配案例。几年后，堆积的石头缝隙间长出的植物也变成一种情

照片 5-4-1　到道路为止密植矮木、灌木

照片 5-4-2　边界用地被类植物绿化后形成无边界的设计案例

照片 5-4-3　株高逐渐抬升的多层次绿化展现出高雅感

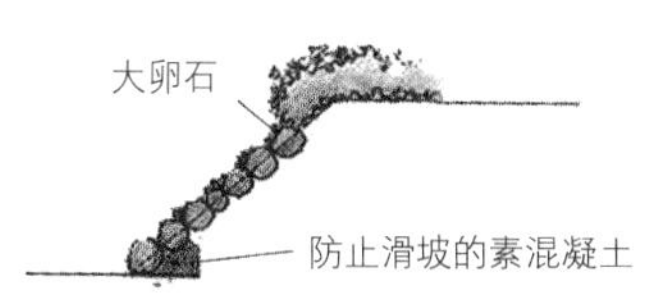

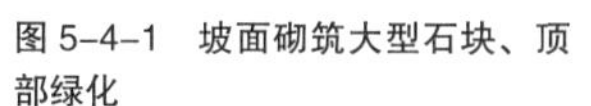

图 5-4-1 坡面砌筑大型石块、顶部绿化

图 5-4-2 分两层绿化

图 5-4-3 保留坡面做绿化

趣。底部需用混凝土加固以防止滑坡。

2）堆石分成两层后栽植植物

如图 5-4-2 所示，将堆石分成两层后，再栽植植物能给人带来体量感，变成有亲和力的街区。

3）保留坡面堆积石块

图 5-4-3 是从堆石的顶部开始做成缓坡，并栽植丛生福禄考等下垂型植物，软化石材的坚硬感。自然的坡面一般指倾斜坡度在 30 度以内。

机切面堆石在住宅建设用地的规定区域内，不可作为挡土墙使用，但可作为钢筋混凝土挡土墙的面层装饰材料、或者内侧与混凝土一体化形成重力式挡土墙后使用。

3 间隙狭小的用地边界设计

狭窄的住宅用地中，即使用地边界的空间所剩无几，只要地面留有足够人能站立的狭小空间，如果对其用心设计的话，也能做出绿意环抱的柔美效果。有围墙时，即使围墙与道路之间空间再小，也要留出栽植空间，在围墙外侧栽植矮木、灌木及地被类植物，让硬质围墙呈非连续状态（照片 5-4-4~5-4-6）。

照片 5-4-4 中乔木、矮木、灌木的绿化

照片 5-4-5 地被类植物的绿化

照片 5-4-6 栅栏的底部展现出的季节感

5.5 较高挡土墙与绿化设计

挡土墙装饰得好也能变成艺术

新建山地住宅区，因住宅用地与道路之间有高差，大多都需设置较高的挡土墙。这种有高差的住宅区从步行者视线高度而言，会由于设置了较高的挡土墙而严重地阻隔整个街区的景观。此种情况下，如果挡土墙与植物搭配巧妙的话，就能大幅度地改善这一问题。

1 装饰较高挡土墙的注意事项

较高挡土墙可通过在用地边界部位搭配栽植植物来软化其印象。栽植空间可与停车位或台阶入口等一体设计。采用统一的设计手法是其关键。与挡土墙一体化设计的栽植空间可作为各住户自家花坛、吊篮花饰等的展示场所，同时也成为街区的一道景观。装饰较高挡土墙的注意事项总结如下：

①应在用地边界与红线退后区域之间栽植植物，以防产生压迫感（图5-5-1）；

②为削弱高度感，可在底部设置种植槽、顶部栽植下垂型植物来减少挡土墙的裸露部分，在视线高度部分，应尽量做出绿化；

③种植墙及挡土墙的顶部接近人视线高度的部分，可委托给居住者来管理以展示其个性。另外，需设置方便管理的灌溉装置；

④较高的挡土墙给人坚硬感，因此，院门、信箱等相关用品也应选择材质坚硬的铸铁构件；

⑤在较高挡土墙的底部设置的种植槽的基础，有时会建在挡土墙的基础之上，因此，应确认清楚排水状况。另外，需设置灌溉装置。

图 5-5-1 考虑视线关系的绿化

2 较高挡土墙的绿化手法

用植物对较高挡土墙进行装饰的手法有：①遮盖、②重复、③若隐若现、④分段、⑤艺术设计等。

1）遮盖

遮盖的手法参见 2.5 节中描述的内容（照片 5-5-1），适合的植物有：

①常绿吸附型：洋常春藤类、扶芳藤、黄金络石等。

②常绿下垂型：蔓长春花、小蔓长春花等。

2）重复

挡土墙沿着道路连续设置时，为使其长度不至于产生乏味感，可以有规则的栽植植物，形成节奏感。照片 5–5–2 就是不设挡土墙，而以坡面方式并反复栽植曲线状皋月杜鹃的案例。照片 5–5–3 是在各户居住用地的玄关周围和用地边界红线周围栽植松柏的案例。

照片 5–5–1　挡土墙用洋常春藤遮盖

照片 5–5–2　坡面重复使用修剪成型的皋月杜鹃作装饰

3）若隐若现

有较高挡土墙时，可通过栽植比挡土墙还高的树木来削弱挡土墙的高度（照片 5–5–4）。

4）分段

前端栽植树木将挡土墙分成若干段，还能赋予街区变化和节奏感（照片 5–5–5、5–5–6）。

照片 5–5–3　松柏的重复忽略了挡土墙的存在

照片 5–5–5　挡土墙分成两段

5）艺术设计

把挡土墙看成校园，利用植物进行艺术设计。图 5–5–2 是利用植物墙进行装饰的案例。植物墙是植物沿墙面立体栽植加工的方法。如果再栽植苹果、无花果等果实类树木也能给道路上行走的人们带来乐趣。照片 5–5–7 是通过挡土墙的凸凹关系形成层次感，底部设置多个高度不一的花坛，与植物搭配组合，丰富了挡土墙的造型。

照片 5–5–4　高过挡土墙的景观树

照片 5–5–6　松柏植物将较高挡土墙分成几段

图 5–5–2　利用竖向绿化装饰的案例

照片 5–5–7　挡土墙墙身做主题修饰的案例

5.6 突出店铺个性的正立面设计

在街道之中实现绿洲、汇聚宾客

住宅街区中的商业设施，其沿街正立面应追求能提高街区品质的设计。不知不觉中感受到自然并融入周边环境的设计，对店铺的经营也十分有利。特别是，为了吸引那些环保意识较高的宾客，材质及植物的使用方式就需精雕细琢。

1 正立面设计的注意事项

正立面用树木及季节性草本花卉作为欢迎招贴，入眼就会给人留下是“环境优美的店铺”的印象。在住宅区的设计中，以绿化手法及草本花卉的使用管理为先导的店铺通常都会受人瞩目。不受流行趋势和季节左右的植物拥有吸引人们眼球的巨大魅力。这种正立面设计的注意事项如下所示：

①对于商业设施而言，应结合店铺的运营理念及形象确定好设计主题，选择能完美展现主题理念的植物，让来访者留下深刻的记忆；

②植物以业主方便管理的品种为主。也可以与专业从业者缔结管理条约，使其常保最佳状态；

③除植物外，标识、花钵及装饰物、商品展示、室内装潢等也应进行整体统一设计，内外形象的协调统一会有更佳的效果；

④应注重植物的搭配组合及季节感的展现，设计出观赏植物的情趣感；

⑤树木以及草本花卉有各种样态和色彩，如果保持自然的样态会有杂乱感。可以利用种植箱或格架进行整合，应注意其展示效果。

使用吊篮或种植箱造景时，应注意以下事项：

照片 5-6-1　用吊篮吸引人的视线（伦敦郊外）

照片 5-6-2　门庭两侧用花坛装点（伦敦郊外）

①吊篮的远观效果极好，且有很好的汇集宾客的作用，但餐饮类店铺会受到驱除病虫害及喷散药剂的影响，应考虑妥善（照片 5–6–1）；

②应保证通风及采光要求，但需留意凋谢的花瓣及枯叶会被风吹散；

③店铺的入口处，使用种植箱式的花坛能给人留下美好的印象，也有汇集宾客的作用，但是，如果管理懈怠则会起到反作用，应引起注意（照片 5–6–2）。

2 格架、盆栽及种植箱形成的构筑物

整体正立面如果全部使用格架与种植槽，可起到突出店铺的作用。自然的植物有各种各样的形态和色彩，让人担心会有散漫感。如果用格架进行围合再栽植植物，从远处，也能突显出店铺的个性。图 5–6–1 的咖啡店以栽植山花野草为主，汲取“自然”元素，展现出“舒缓心情”的感觉（照片 5–6–3）。枕木格架的过渡空间作出的正立面，加大了店铺的纵深感（照片 5–6–4）。养眼的植物让心灵平静。在日照时间较少的空间内，应选择耐阴种类的绿化方案。另外，店铺应保持清洁明朗，因此，需缔结管理契约，每月需进行一次修剪、清扫等。主要使用的植物中，大乔木有：昌化鹅耳枥、安息香、具柄冬青、枫树；中乔木有：垂丝卫矛、蜡瓣花等；地被类植物多使用以山花野草为主的多年生草本植物及蕨类植物。

照片 5–6–3　种植于店内的山花野草

照片 5–6–4　枕木框架与绿化

图 5–6–1　整体正立面全部由格架和种植槽构成的咖啡店

第六章

户外环境绿化设计案例

西班牙米哈斯的住宅　从2楼窗边垂吊下来的花卉装点着房屋

案例 **1**

拥有烧烤聚会会场功能的前院

大阪府河内长野市 M 室 / 设计、施工：宝塚花园 APRIL

推开吊篮装饰的院门，迎面看到的是无花果树，树前有近似正方形的烧烤炉。这个开敞空间是为了迎合业主喜欢召集朋友聚会的爱好、希望能在户外时常举行热闹派对的需求而设计的。改装前的院门构造由于使用了封闭型设计而给人难以接近的感觉，改造后，采用枕木格架及金属网的方式，在形式上给人开放感。主庭院中老化的露台已经开始腐烂，且杂草丛生，令人十分烦恼，因此，改造后地面铺装使用了掺杂砖及石材混合的水洗沙砾铺装及风化花岗岩土硬化铺装，很好地起到了防止杂草生长的效果，在此基础上，再重新设置新的露台及烧烤炉，庭院的情趣便展露出来。由于来访的客人较多，所以加大了停车位空间，采用了无车停泊时，仍如庭院般的设计手法。

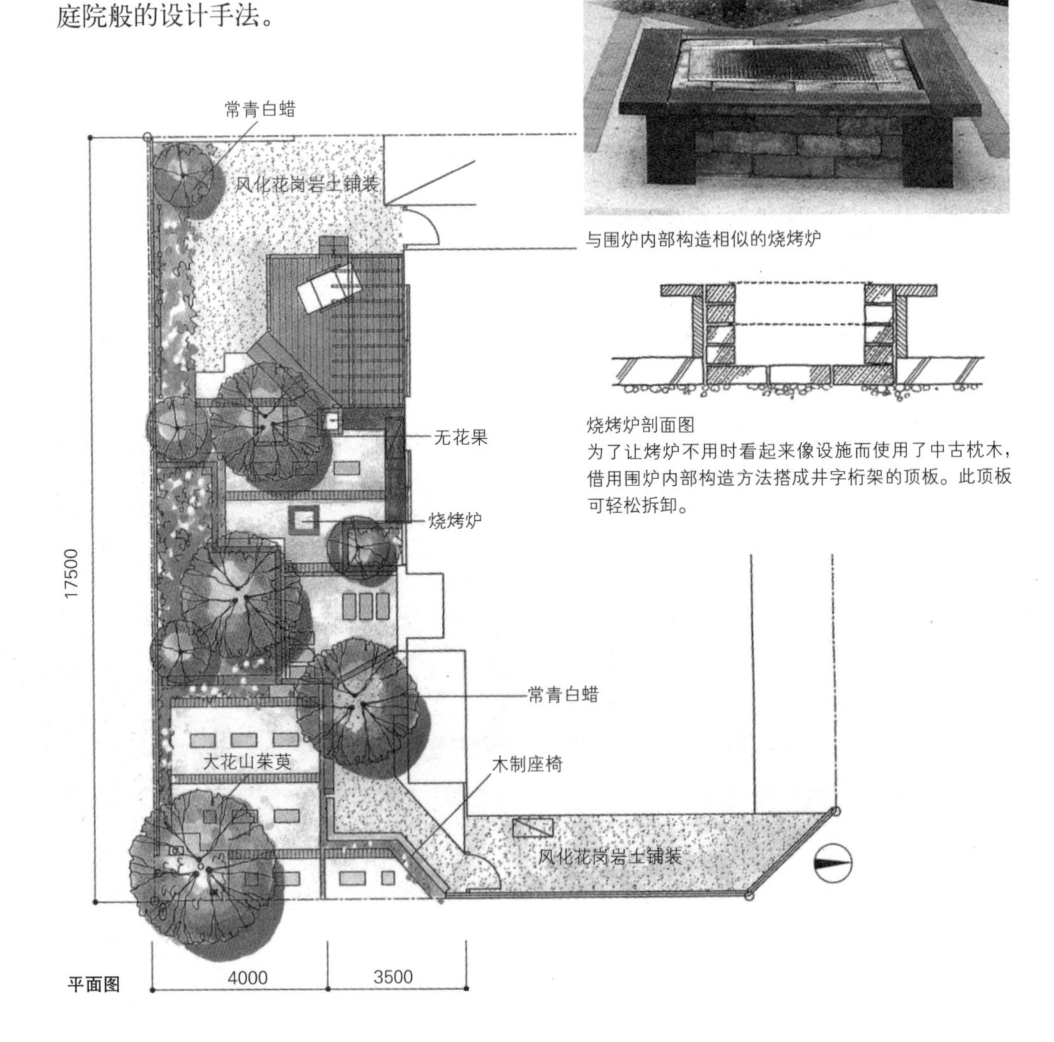

与围炉内部构造相似的烧烤炉

烧烤炉剖面图
为了让烤炉不用时看起来像设施而使用了中古枕木，借用围炉内部构造方法搭成井字桁架的顶板。此顶板可轻松拆卸。

平面图

施工前，封闭结构的院门导致停车位不足

保留门柱右侧的墙体，将院门退后，增设客人用停车位

从主庭院远望门庭。给人开放感且易接近

无花果树及在树前设置的四方形烧烤炉与露台邻接，形成聚会空间

依据业主的喜好，增加了悬挂吊篮的门垛墙设计

沿道路一侧，设置了可供行人小憩的座椅

正对院门的盆栽

喜好园艺的业主的作品随处装点着空间

●植物表

主庭园：海棠果；玄关周围：青皮白蜡、常青白蜡、黄栌、大花山茱萸等

案例 2

特色铁艺营造独特户外环境

大阪府河内长野市 U 宅 / 设计、施工：宝塚花园 APRIL

此案例是针对树木长得过高导致庭院过于拥挤狭窄而进行的翻修。业主非常喜欢花卉，其兴趣爱好是吊篮和混合花卉栽植，因此，本案以尽情享受花卉为主要目的，在园中多处设置了格栅、木栅栏等。为了不使细长的庭院有狭窄、拥挤感，将树木的位置以及露台的形状做了改变，同时，门庭部分也通过强调材料的质感来达到协调统一。业主的特殊要求是要用自己设计的铁艺来装饰院门。院门是由业主亲手加工的特色铸铁构件制作而成的。

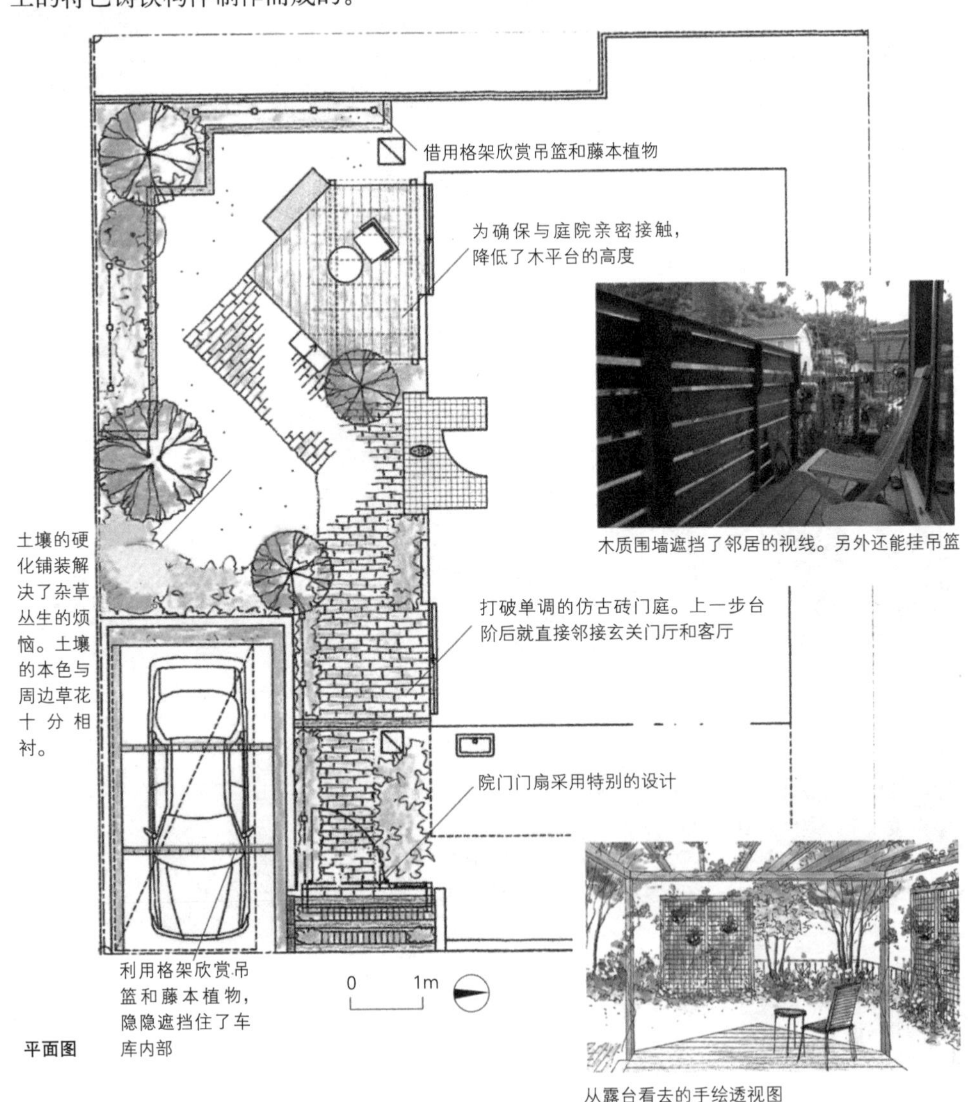

木质围墙遮挡了邻居的视线。另外还能挂吊篮

平面图

从露台看去的手绘透视图

施工前，入口给人单调乏味的感觉

门庭内设置了金属网格栅以方便悬挂吊篮

用古旧的枕木做成的台阶及独创的铁艺院门

院门上的门栓

为遮挡隔壁人家的后门而设置的木围墙。吊篮是设计的重点

从露台方向远望主庭院。用植物围合出安静空间

从门庭一侧看露台上的藤架

业主比较注重细节设计，制作出造型独特的院门。铸铁构件与植物完美的搭配

●植物表

主庭园：青皮白蜡、朱焦、常青白蜡、十大功劳、四照花等

案例 3 用露台和格架改建成欧式风格的京都/商铺庭院

京都府京都市 A 宅/设计、施工：宝塚花园 APRIL

这是京都/商铺住宅（铺宅）独有的，停车位和庭院空间同设于细长用地内的案例。本案以 45 度角将庭院倾斜设置。突出空间的纵深感和植物的层次感，形成自然氛围的同时，停车位也融入到了庭院之中。藤架强调出纵深感，藤架前，还局部设置了园路。为了让喜欢吊篮的业主能尽享花开的喜悦，设置了既能确保充足的栽植空间，也能悬挂吊篮及攀爬藤本植物的藤架，这也正好掩饰了原有建筑的附属构件。

从木平台看到的手绘透视图

停车空间与廊架的手绘透视图

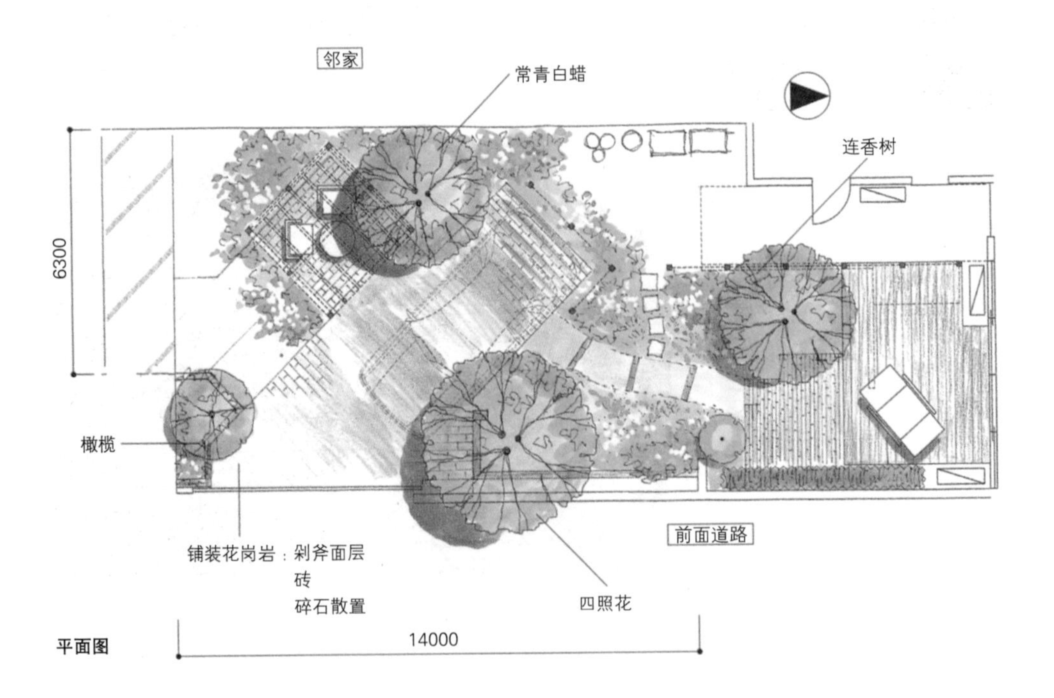

平面图

停车位的地面工程以及藤架和露台竣工后，栽植工程刚刚开始的状态。此乃京都商铺特有的用地状态

从露台方向看，在与邻居的交界处，较高的欧式风格的白色涂料围墙成为橄榄树的背景

从停车位通往露台的园路。业主自己铺砌的充满野趣的园路。藤架上攀爬着花叶地锦，起到了遮挡视线的作用

从露台观望停车位。右侧的卫生间、浴室前设置的格架，既保证了通风、采光，也确保了私密。木平台将铺宅与欧式庭院连为一体。这是在京都的城市街道地区完成的充满自然感受的庭院

从室内观庭院。用日式住宅中常见的明朗中庭的设计手法完成

东侧道路仅有不到 4 米宽，车辆很难驶入，因此，停车位以 45 度角设置，车可倒入停车位。关闭入口的卷帘门后，就变成静怡的庭院。庭院的前端设置藤架后，给人纵深感。藤架与格架倾斜放置，进一步加大了纵深感

置于主干街道、玄关两侧的花钵。根据京都古老街区布局，做到与周边环境协调一致（由业主亲自完成）

●植物表

中、大乔木：橄榄树、四照花；草本花卉：洋常春藤类、麝香草类、藤本月季、花叶地锦

案例 4

植物满园、风情万种的生活空间

兵库县尼崎市 K 宅 / 设计、施工：宝塚花园 APRIL

改造前，采用的是封闭的外围构造，因此，很难找到玄关的位置，而且沿道路一侧的前庭未能得到充分利用。改造时，将整个用地大体分成三个区域，运用统一的设计理念对各个区域进行精细加工制作。

门庭设砖墙，开放式前庭用高度为 2m 的枕木支成坚固的骨架，垂直相交线上安置了院门的门扇。入口道路的平缓曲线以及玄关侧墙的盆栽花坛引导出目的地。主庭院用原有的桃树以及与室内相融合的木平台做出半户外空间，这也省去了管理的麻烦。连接包括停车位在内的三个区域的边界部分用格架作区分，园路也设计成能体味季节风情的、富有情趣的步行空间。

施工前，是封闭的外围构造

右：门庭。以开放式入口为设计出发点，用青皮白蜡做孤植树，背景栽植的是丹桂，其前放置着大花钵，脚下则是在绿意中搭配出色彩和季节的变化，表现出远近空间感

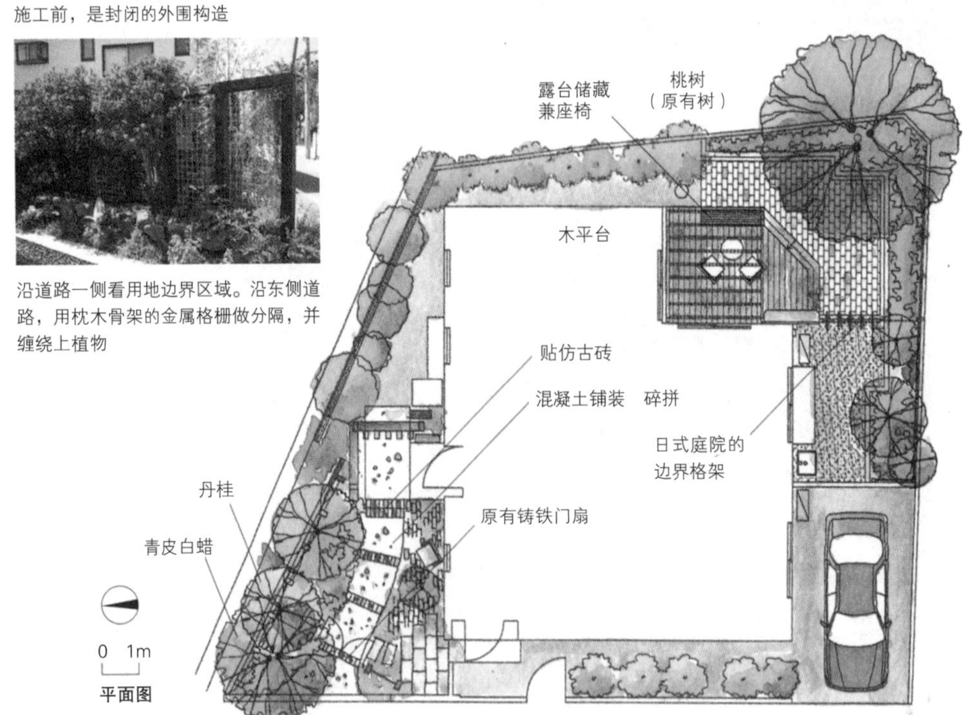

沿道路一侧看用地边界区域。沿东侧道路，用枕木骨架的金属格栅做分隔，并缠绕上植物

玄关出入口通道。左侧为丹桂树，右侧放置了大花钵，用草本花卉及地被类植物弱化了铺装面层的边际线

散水的设计。屋檐下的空间也变成展示场所。设备窗所使用的百叶影响美观效果，因此，用吊篮加以装饰，并借用藤本植物与下面的花钵连成一体。地面用仿古砖精心铺装而成

与日式风格庭院交界的格架

从客厅看木平台和桃树。早春花开时节的景观

从客厅看木平台及桃树（初夏）。木平台、藤架、邻地边界的木框金属网栅栏围合出半室外空间

●植物表

地面栽植植物：百子莲、野生绣球花、圣诞蔷薇、铁线莲、藤绣球、素馨叶白英、棣棠、薰衣草类、迭迭香

其他混合盆栽花卉：非洲凤仙花、橄榄、彩叶草、薰衣草类

结合室内设计，演绎出植物的连续空间。客厅中与室内环境相协调的大花钵内栽植着观叶植物，与相邻的木平台上的户外植物遥相呼应，体现出空间的连续性。植物分别使用了鸟巢蕨（左）、酸脚杆（中央）、多蕊木、武竹（右）等

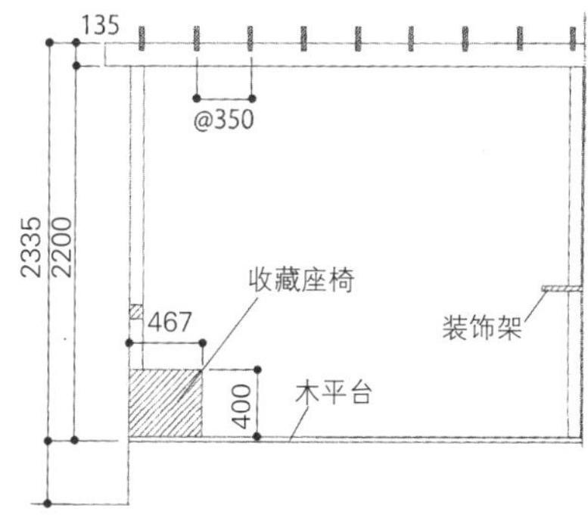

露台、廊架剖面图

案例 5

保留充满回忆的原有树木，让生活置于自然之中

千叶县千叶市 S 宅 / 设计、施工：NATEX

整个街区周边，统一设计成开放式外围环境。位于街区中间的这户住宅，像公园入口那样被天然材料和树木所包围。

为了满足业主希望能在四季的植物丛中享受生活的愿望，户外环境设计时，以植物为主体并充分考虑了四季的季相特征。天然石材做成的门柱周边是孤植的大花山茱萸，沿着前面道路，栽植了常绿的月桂树和落叶的加拿大唐棣，不同的季节以不同的样态装点着街道。从这些植物围合出的入口门庭一直到住宅入口的整个通道，全部栽植了鸡爪槭和丹桂等树木，这些树木不仅能展示出季节感，也引导出一个通往建筑入口的连续空间。细长而绵延的入口通道给人如在公园的林荫树下行走的感觉。石铺的入口通道细长而迂回，整个庭院空间给人留下协调统一的印象。

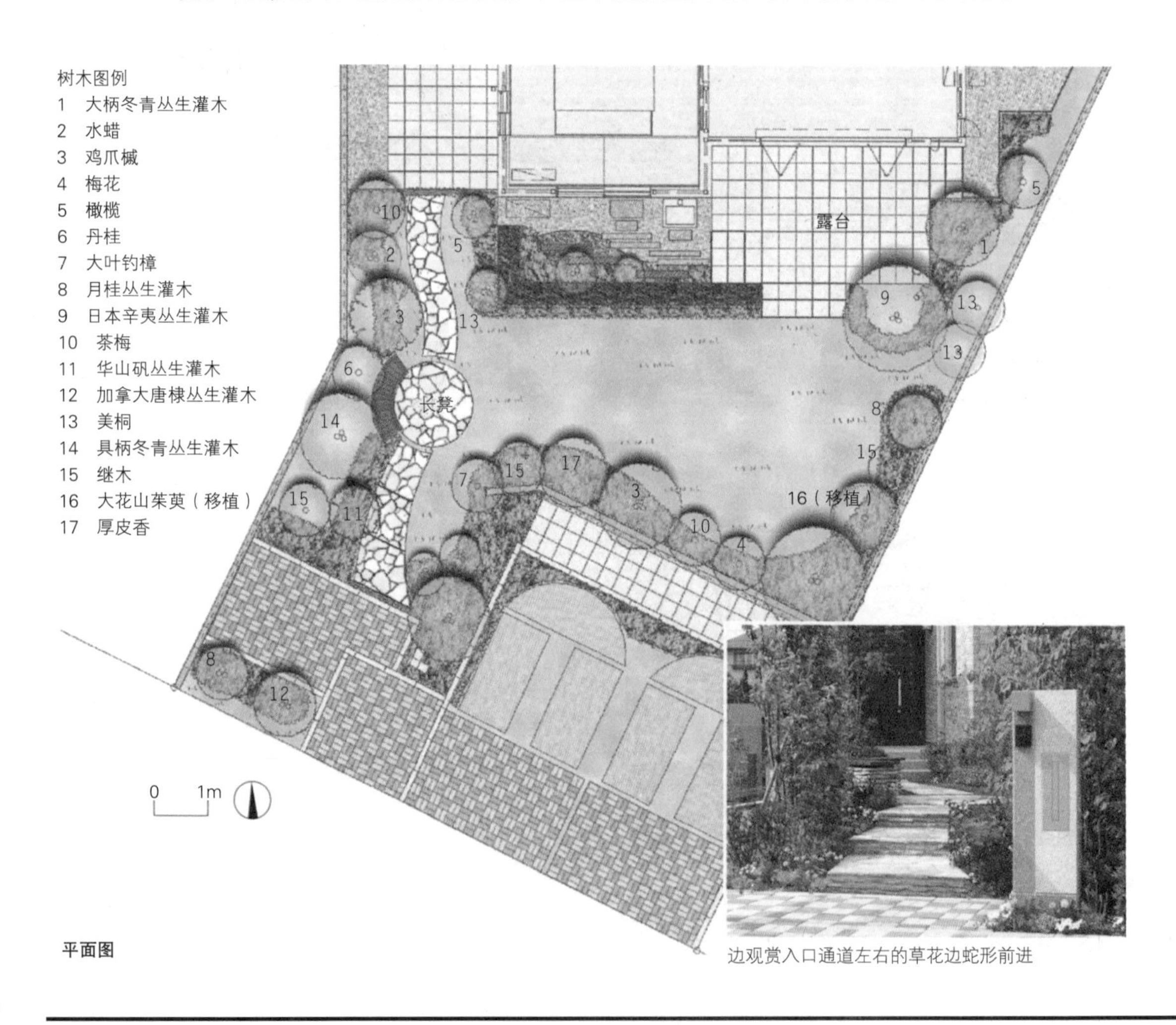

平面图

边观赏入口通道左右的草花边蛇形前进

平缓迂回的入口通道的中央，以“相聚空间”为理念，放置了座椅

木平台前面的日本辛夷告知春天的来访

移植前的日本辛夷

6 月结出红色果实的加拿大唐棣

入口通道中央的座椅

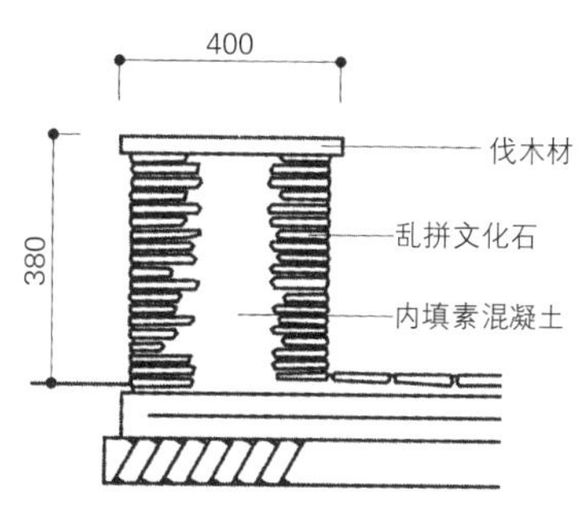

座椅剖面图

■能远望主庭院的座椅空间

在入口通道的中央石铺地面外环放置了手工制作的座椅。在这个空间内，可以和熟悉的人聊天，也能远望到客厅前贴有砖材的露台和草坪庭院。露台的正面移植了充满家族回忆的大花山茱萸，延续了家人的往事记忆。

另外，也考虑到从室内的观赏效果，在砖露台的周边，栽植了高大日本辛夷，能及早告知春天的来访。

■绿化注意事项

应结合能观赏四季不同的季节表象去搭配栽植。

从春天到夏天开花的可选择梅花、橄榄、加拿大唐棣、垂丝卫矛、继木、大花山茱萸、西南卫矛、日本紫珠、珍珠绣线菊；从秋天到冬天开花的可选择鸡爪槭、茶梅、二色胡枝子。

矮木（灌木）有树莓、久留米杜鹃、麻叶绣线菊、小野珠兰的混合栽植、鸡麻、滨柃、悬钩子、毛白杜鹃等。落叶大乔木栽植了大柄冬青、丛生日本辛夷，常绿树有月桂树、小叶青冈等。

案例 6

利用“色彩叠加”协调居住空间

滋贺县彦根市共同　彦根东 / 设计、施工：积水 HOME

这是位于彦根车站东南部，被四季的色彩环抱的 212 户居住区。原有场地内的树木和石材得到重新利用，让空间的记忆有了延续。人与自然交织成和谐的乐章，而且随着时间的流逝，活动方式也在不断丰富，从而搭建起一个心灵充实的生活舞台。各家住户栽植的树木在这片土地上生根发芽，维护了生态系统。树木一个接一个地在补种的同时，也像住宅建筑一个接一个盖起来那样协调好树木的朝向和倾斜关系，这不仅为街区谱写出愉快的旋律，也把各个建筑的正立面完美地包装起来。3 米以上的大乔木大部分为落叶树，在传达季节感的同时也起到了调节微气候的作用。

■季节的鲜花绿叶，衬托出色彩重叠的多样景观，为街区添彩

至今仍能感受到华丽的江户时代国宝级作品“彦根屏风”中所描绘的 15 位人物，每个人物的服装均采用了各种色彩叠加的设计手法，最终组合绘制成一幅画卷。这个案例中的街区就是运用这种“色彩叠加”手法。首先，将适合当地条件的植物按黄、青、红、白分类，再加上绿色的背景，共分成 5 个组，最终，大约提炼了 150 种花卉和绿色植物。“色彩重叠”原则分别以“井伊叠加”、“黄金叠加”、“湖叠加”、“伊吹叠加”、“月叠加”、“柑叠加”等为设计理念，在考虑各住户的建筑及光照条件的基础上，设计出能体现各个住户个性的植物环境。

■庭院的特点及设计理念

面对公园的“井伊庭”是坐落在街角的花园。以井伊家的红色军事装备为灵感，以艳丽红色的草本花卉和爬满藤本植物的藤架作为设计主元素。相邻的“黄金庭”则以鲜亮的黄色为主题，门垛墙上突出的线脚瓷砖也依照这一原则。“湖庭”以反衬琵琶湖清爽水面的意境为理念，“月庭”则展现的是阳光的明媚。街角展露着各自不同的样态，呈现出色彩斑斓的街区景象。另外，各个庭院不仅是人们相互沟通交流的场所，也是与花草亲密接触的空间。

色彩与花卉设计意向

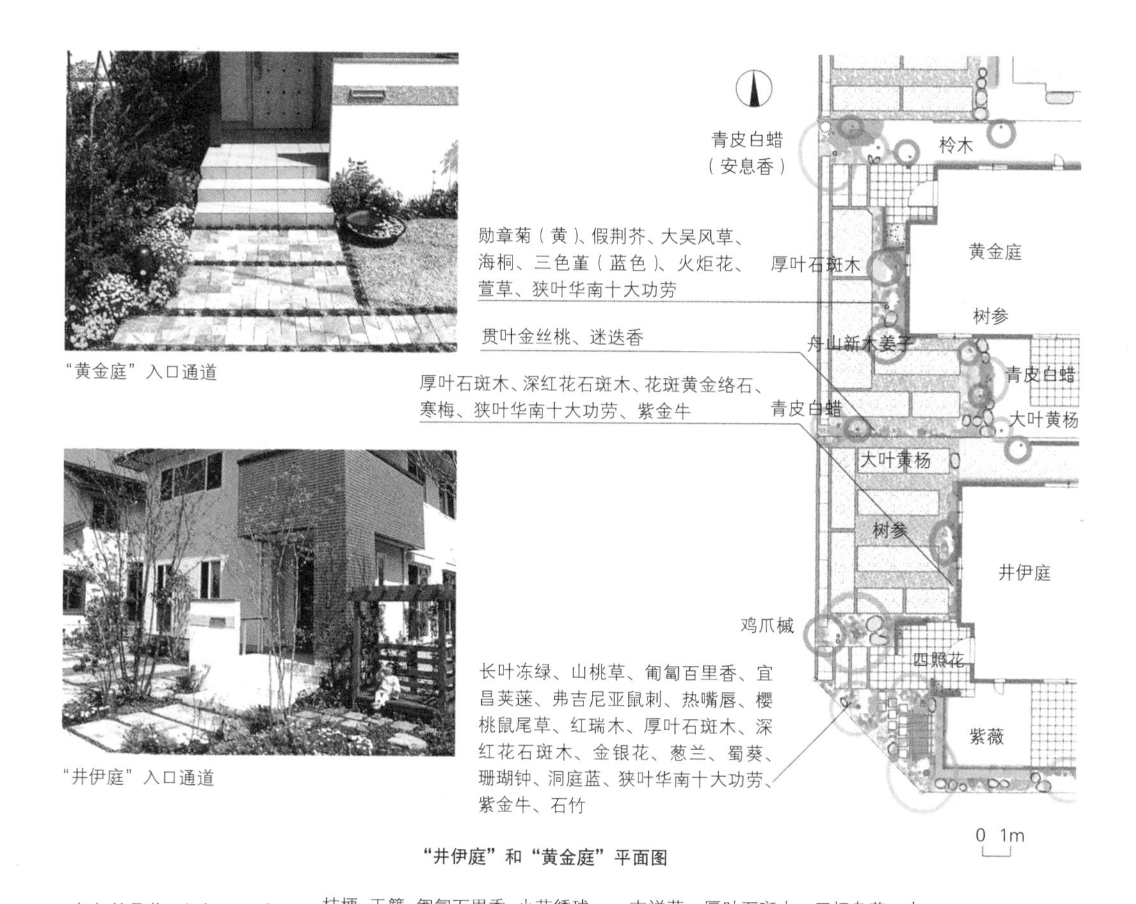

“黄金庭”入口通道

“井伊庭”入口通道

“井伊庭”和“黄金庭”平面图

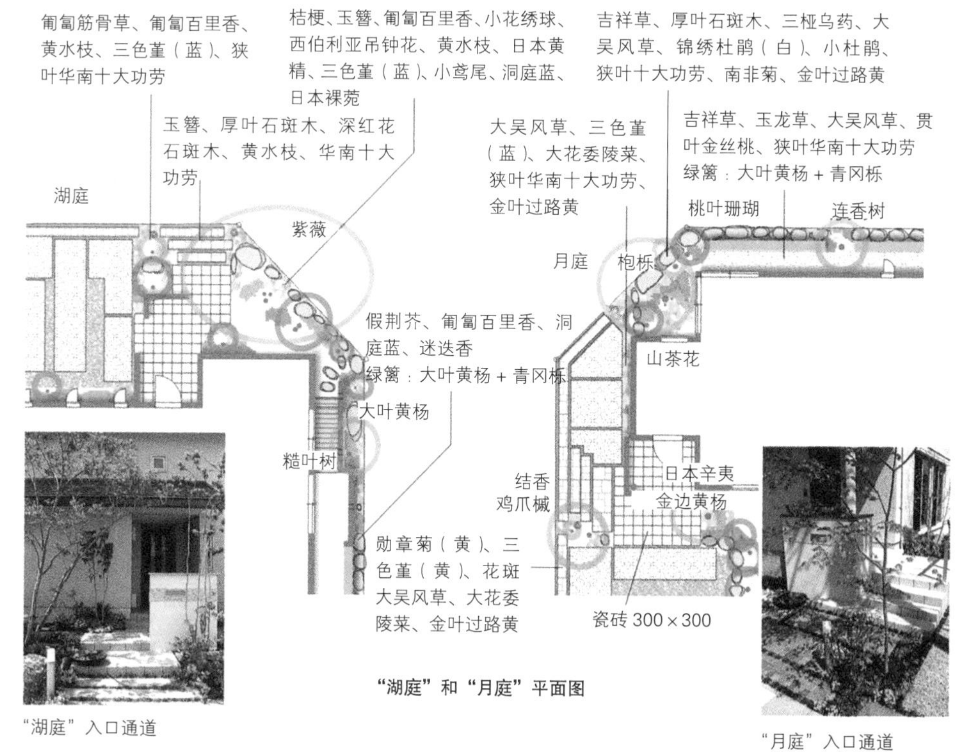

“湖庭”和“月庭”平面图

“湖庭”入口通道

“月庭”入口通道

案例 7 街区整体的景观设计

兵库县三田市共同生活 / 设计、施工：积水 HOME，监理：白砂伸夫

在分期销售住宅区的规划设计阶段，就将整个街区作为一个风景进行统一规划设计，以三家为一组，住宅两两相邻处留出宽裕的空间，并用草坪呈起伏状满铺。利用模型，从平面及立体空间效果上，对连续平缓的地形起伏状态及整体规划进行了深入探讨。另外，绿化设计也是在考虑各街区富有变化特征的基础上，对街区整体的统一格调进行详细设计，同时，为居住者能亲手美化自己喜爱的庭院而预留了一些空间。为了让生活充实快乐，还栽植了一些能享受栽培喜悦的花卉和果树。有花和果实的存在，就自然会带出聊天的话题，丰富街区内的各种交流。

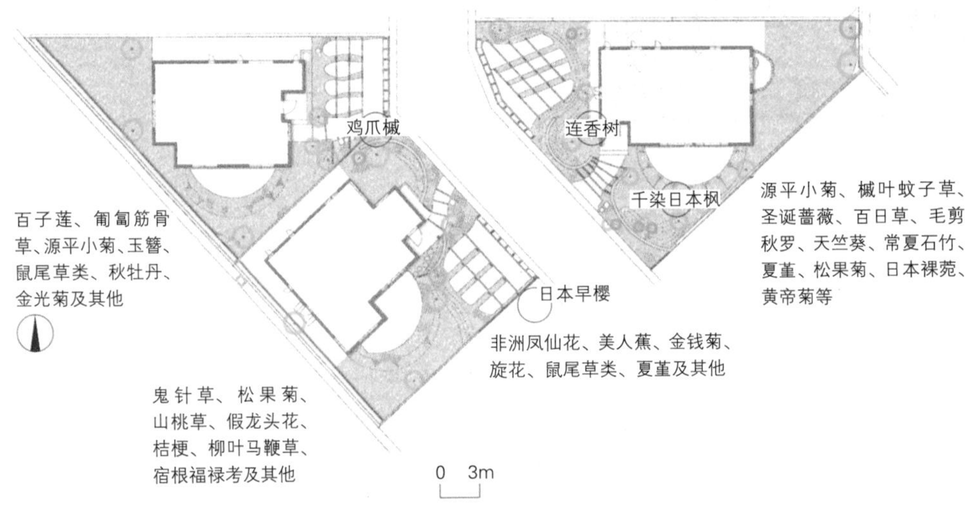

代表性地号的绿化设计

街区现场实景：营造起伏的缓坡，搭配上大乔木、草本花卉、石块组合，给人开敞的感觉。用常绿的大乔木来保证私密性。在空隙处栽植草本花卉

由于户外环境设计方案中大量使用了曲面，建议利用黏土做出地形模型后再做进一步的分析

■绿化设计方法

为能在身边感受到日式风格的景色，主干树木选用了连香树、樱花、红叶类植物。春天赏樱、秋天观红叶，将自然栖息于生活之中。地被类植物的方位和组合方式作为设计的重点。以每年都开花的多年生草本植物为主，穿插栽植一些富有色彩变化的一年生草本花卉。

平缓起伏的草坪庭院中栽植了大量草本花卉。以多年生草本植物为主，再添加一些一年生草本花卉，每年都能享受到花卉的喜悦。谱写出能感受季节变化的、丰富多彩的生活场景

与木平台形成一体的草坪小丘。其中一部分挖出坑穴栽植柳叶马鞭草、桔梗等草本花卉，其间再混合栽植一棵高度约50cm的枫叶苗木

当地产安山岩的挡土墙与鼠尾草类、山桃草、玉簪、金光菊等草本花卉的搭配组合。是在综合考虑方位、栽植区域周边的构筑物、环境状况及色彩和高度等因素的基础上选择的

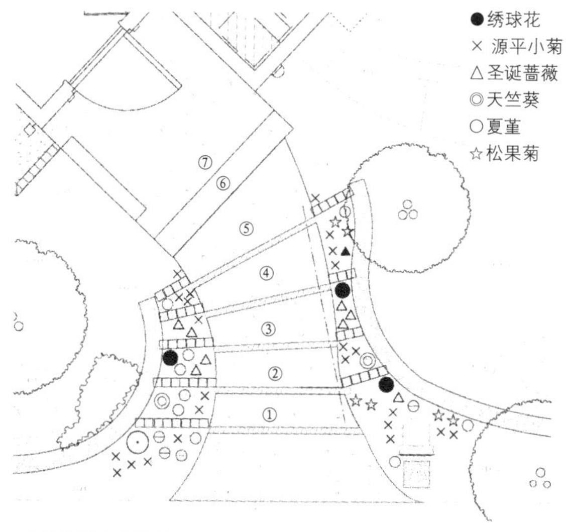

入口通道绿化设计图

信箱固定于独立的门柱上，与住宅的色调相协调，削弱了门柱的孤立感。柱基前搭配栽植了草本花卉，其周边被若隐若现的树木所包围，完全融入到了环境之中

刚搬入不久的街区场景。相邻住宅用地之间未做任何围合，就像一体化设计建造出来的。春天是樱花、初夏为连香树、秋天为枫树，随着季节的交替，这些孤植树带来了不同季节的感受

案例 **8**

鲜花与绿叶的入口通道

案例 1~3 的设计施工：IKARI 设计，大矢朗子

住宅及设施的入口通道设计应尽量纳入自然元素。植物的引用不仅能感受到季节的变换，还能随时体验植物的生长，带给五官巨大刺激。落叶树能开花结果，为我们带来收获的喜悦。这期间，当然也会有清扫枯落树叶及修枝的需求，因此，不可疏于管理，建议在选择便于管理的树种和绿化设计的基础上，将自然的情趣带入生活中。

■案例① 用迎客蔷薇做出的入口通道

应业主喜爱蔷薇的需求，为了不伤及建筑，设置了几根木柱来诱导蔷薇向上攀爬。在营造亲切氛围的同时，考虑到风雨的侵蚀问题，选用了十分坚固的红柳安原木材料。背面固定了吊钩，以方便用棕榈绳绑扎蔷薇来辅助其攀爬。连接木柱的构件是用铸铁做成的特殊横条。木柱上还固定了同样风格的铸铁挂钩，蔷薇未开时节，可作为“玄关主题”或“吊兰挂钩”使用，这也成为玄关的另一个亮点所在。

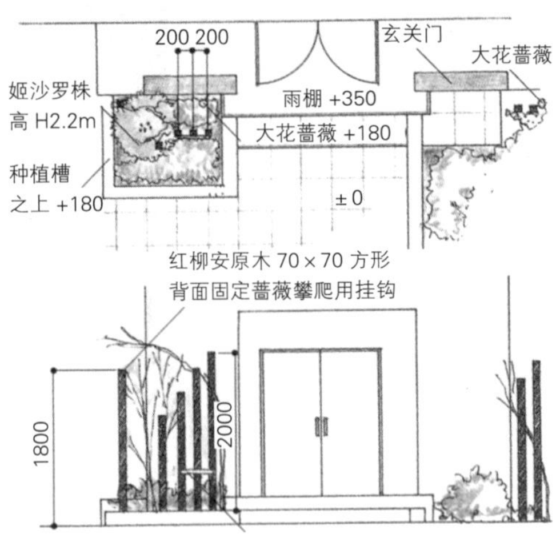

平面图・立面图

缠有蔷薇的木柱

长满蔷薇的状态。竣工一年以后木柱上爬满了蔷薇

■案例② 在林木间行走的入口通道

两台车的停车位空间与入口通道合为一体的细长旗杆状用地。预留出30~40cm宽的栽植空间，栽植毛白杜鹃和北美香柏。地面铺装以曲线引导至入口玄关，入口通道部分为乱石拼贴的天然石材。横向留出草坪栽植线并栽植玉龙草，细长的入口通道就完成了。

旗杆状用地的入口通道

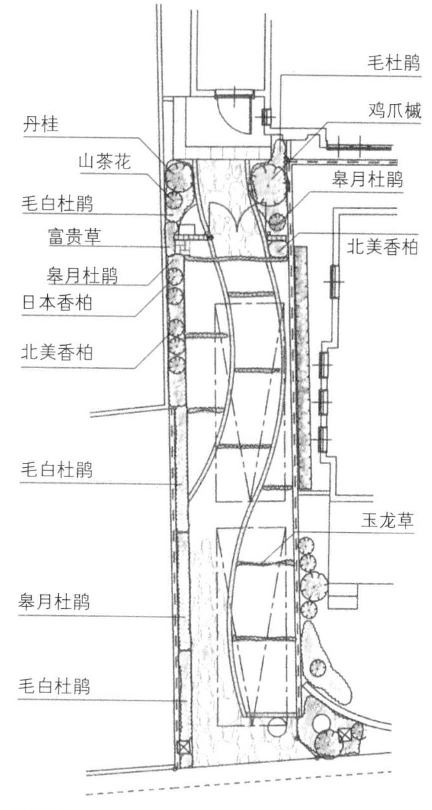

平面图

■案例③ 让街上行走的人们也能赏心悦目

可停2台车的L型开放式外围环境。中央设有门柱。门柱周边留出充分的栽植空间，其间除了栽植能全年尽享绿意的华南十大功劳和玉龙草等植物外，还留出可栽植应季花卉的空间。背景树使用的是矮木（灌木）以衬托出门柱。门柱上还设置了花坛，为来访者营造出赏心悦目的立体植物空间。第2台车的停车位，以享受庭院为原则，用枕木和草坪铺成条纹状面层。

兼做花台的门柱

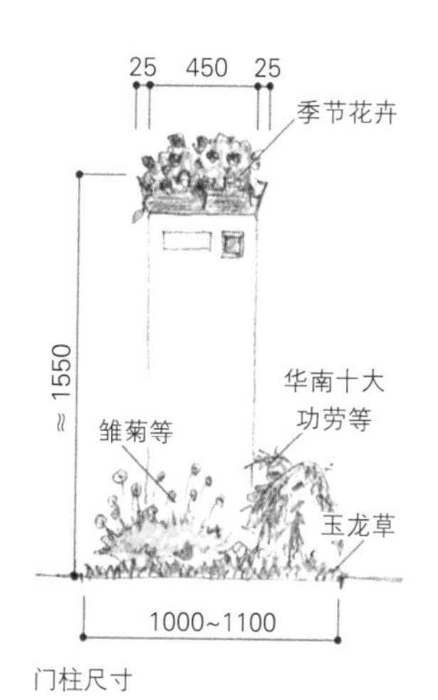

门柱尺寸

参考文献

●英国王立園芸協会監修、クリストファー・ブリッケル編集責任、横井政人訳『A-Z園芸植物百科事典』誠文堂新光社、2003年
●猪狩達夫編『イラストでわかるエクステリアデザインのポイント』彰国社、2008年
●日本建築ブロック・エクステリア工事業協会監修、エクステリアプランナーハンドブック編集委員会編『エクステリアプランナーハンドブック』 新訂第4版、建築資料研究社、2009年
●屋上開発研究会企画・編集『屋上・ベランダガーデニングべからず集』創樹社、2000年
●ポール・ウィリアムズ著、澁谷正子訳『ガーデンカラーブック』産調出版、2001年
●豊田美紀著『ガーデンデザインの本』講談社、1996年
●小林兼久著『ガーデンデザインLESSON』主婦の友社、1998年
●尾崎章監修『観葉植物とカラーリーフプランツ：室内・ベランダで楽しむ』成美堂出版、2004年
●都市緑化技術開発機構、ガーデニング共同研究会著『クライメートゾーンを知って楽しむベストガーデニング 最低気温による地域区分』誠文堂新光社、2004年
●日本植木協会編著『グラウンドカバープランツ』経済調査会、2008年
●豊田幸夫著『建築家のための造園設計資料集』誠文堂新光社、1990年
●『斎藤勝雄作庭技法集成第1巻』河出書房新社、1976年
●秋元通明著『作庭帖』誠文堂新光社、1996年
●監修＝清家清・工藤昌信、講談社編『作庭の事典』講談社、1978年
●飯島亮記念出版編集委員会編『作庭と植栽』飯島亮作品集、誠文堂新光社、1993年
●條克己『四季を楽しむ山野草の庭づくり』農山漁村文化協会、1999年
●船越亮二監修、主婦の友社編『芝生＆グラウンドカバー　狭いスペースを美しく飾る』2001年
●鈴木昌子『自分でできる水と灯りの庭づくり』学習研究社、2007年
●北村文雄監修、巽英明写真・解説『樹木図鑑』日本放送出版協会、2001年
●進士五十八ほか『新作庭記　国土と風景づくりの思想と方法』マルモ出版、1999年
●山崎誠子・建築知識編集部著『新・緑のデザイン図鑑』エクスナレッジ、2009年
●小埜雅草著『図解　庭師が読みとく作庭記』学芸出版社、2008年
●山崎誠子著『世界で一番やさしい住宅用植栽』エクスナレッジ、2008年
●上原敬二編『造園辞典』加島書店、1971年
●泉健司著『小さなビオトープガーデン』主婦の友社、2005年
●平野威『小さなビオトープを楽しむ本』柑出版社、2008年
●都市デザイン研究体『日本の都市空間』彰国社、1968年
●三橋一也、石川岩雄著『庭づくり全科』家の光協会、1970年
●中根史郎文、日貞夫写真『庭のデザイン③手水鉢』学習研究社、2001年
●海野和男編著『花と蝶を楽しむバタフライガーデン入門』農山漁村文化協会、1999年
●永井一夫『日陰を楽しむ庭づくり　あきらめていた場所がいかせる』主婦と生活社、2004年
●原田親『別冊NHK趣味の園芸　狭さをいかす庭づくり』日本放送出版協会、2004年
●原田親『別冊NHK趣味の園芸　日陰をいかす庭づくり』日本放送出版協会、2002年
●小黒晃監修『ペレニアル（宿根草）ガーデン』小学館、1998年
●養父志乃夫『ホームビオトープ入門　生きものをわが家に招く』農山漁村文化協会、2003年
●建築思潮研究所編、吉田慎悟著『まちの色をつくる環境色彩デザインの手法』建築資料研究社、1998年
●中嶋宏『緑化・植栽マニュアル　計画・設計から施工・管理まで』経済調査会、2004年

照片摄影协作者、照片资料提供者

あいあいパーク（宝塚オープンガーデンフェスタ）
川西市緑化協会（川西市オープンガーデン）
NPO法人さわやか緑花クラブ（いながわオープンガーデン）
三田花と緑のネットワーク（三田グリーンネット）（三田オープンガーデン）
上記の各オープンガーデン出展のみなさま並びに
イカリ設計、スタジオアーバンスペースアート、積水ハウス、NATEX、パナホーム

附录

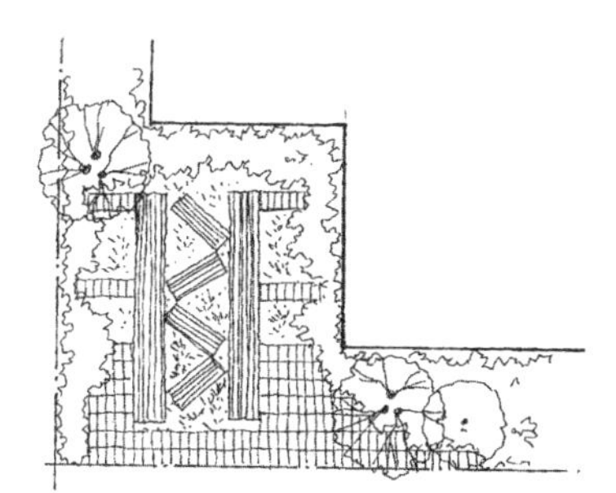

住宅中使用的草本花卉 附表 1

特性 / 名称	开花时期	花色	成长时的株高（cm）	常绿 / 落叶	一年草本 / 多年草本 / 球根类	日照条件的区分
百合	6~7 月	白、粉、黄、红	40~180	落叶	球根类	耐半阴品种
百里香（麝香草）类	5~7 月	白、粉	3~40	常绿	多年草本	喜阳品种
百子莲	6~8 月	白、紫、青	70~100	常绿 / 落叶	多年草本	耐半阴品种
报春花	3~5 月	白、粉、黄、红	15~40	落叶	多年草本	耐半阴品种
扁叶刺芹	7~8 月	青	60~100	落叶	多年草本	喜阳品种
补血草	6~9 月	白、粉、紫	30~80	落叶	多年草本	喜阳品种
侧金盏花	2~4 月	白、黄、橙、红	10~20	落叶	多年草本	耐半阴品种
葱兰属	6~9 月	白、粉、黄	10~30	常绿	球根类	耐半阴品种
丛生福禄考	3~5 月	白、粉、紫	10	常绿	多年草本	喜阳品种
酢浆草属	5~7、9~3 月	白、粉、红	10~30	常绿	球根类	喜阳品种
大滨菊	5~8 月	白	30~80	常绿	多年草本	喜阳品种
大花飞燕草	5~11 月	白、粉、黄、紫、青	100~200	落叶	多年草本	喜阳、耐半阴品种
大花茉莉花	7~9 月	白	100~300	常绿	多年草本	喜阳品种
大花天竺葵	6~8 月	粉、红、紫	30~80	落叶	多年草本	喜阳品种
大蓟	5~10 月	白、粉、红	60~100	落叶	多年草本	喜阳、耐半阴品种
大吴风草	10~12 月	黄	25~60	常绿	多年草本	喜阴品种
德国铃兰	5~6 月	白、粉	30	落叶	多年草本	耐半阴品种
钓钟柳	6~9 月	白、粉、红、紫	30~80	常绿	多年草本	喜阳、耐半阴品种
东方罂粟	3~6 月	白、粉、红	60~100	落叶	多年草本	喜阳、耐半阴品种
短柄岩白菜	2~5 月	白、粉	30	常绿	多年草本	喜阴品种
堆心菊	7~10 月	黄、红	50~80	落叶	多年草本	喜阳品种
法绒花	3~10 月	白	20~70	常绿	多年草本	喜阳品种
飞蓬	5~8 月	白、粉	15~20	常绿	多年草本	喜阳品种
非洲雏菊	4~6 月	白、粉、浅黄	20~40	常绿	多年草本	喜阳品种
风铃草	4~7 月	白、粉、紫	10~150	落叶	多年草本	喜阳、耐半阴品种
鬼针草	11~12 月	白、黄	120	落叶	多年草本	喜阳品种
海石竹	4~5 月	白、粉	5~60	常绿	多年草本	喜阳品种
荷包牡丹	4~6 月	白、粉	40~60	落叶	多年草本	耐半阴品种
荷兰番红花	2~4 月	白、黄、紫	5~10	落叶	球根类	喜阳品种
红金梅草	4~5 月	白、粉	10	常绿	球根类	喜阳品种
红月见草	5~8 月	白、粉	20~60	落叶	多年草本	喜阳品种
蝴蝶花	4~6 月	白、浅紫	30~40	常绿	多年草本	耐半阴品种
虎尾花	7~10 月	白、粉	60~100	落叶	多年草本	中性树
花葵	7~10 月	白、粉	100	落叶	一年草本	喜阳品种
假荆芥新风轮菜	7~11 月	白、粉	30~60	落叶	多年草本	喜阳、耐半阴品种
剪秋萝	6~8 月	白、粉	60~100	落叶	多年草本	喜阳品种
姜花	7~10 月	白、粉、橙、红	70~100	落叶	多年草本	耐半阴品种
金光菊（黑眼菊）	7~9 月	黄	50~150	落叶	多年草本	喜阳品种
金鸡菊	6~9 月	黄、粉	20~100	落叶	多年草本	喜阳品种
景天类	4~11 月	白、粉、黄、红	10	常绿	多年草本	喜阳品种
桔梗	6~9 月	白、粉、紫	50~80	落叶	多年草本	喜阳品种
菊类	9~12 月	白、黄、红	50~90	落叶	多年草本	喜阳品种
老鹳草	6~9 月	白、黄、橙、红	20~60	落叶	多年草本	耐半阴品种
兰香草	7~9 月	白、粉、紫	70~80	落叶	多年草本	喜阳品种
蓝雏菊	3~6、9~10 月	青	30~50	常绿	多年草本	喜阳品种
蓝星花	7~10 月	粉、青	40~80	常绿	多年草本	喜阳品种
莨菪	6~7 月	白、红	100~200	常绿	多年草本	耐半阴品种
琉璃菊	6~9 月	白、粉、紫、青	40~50	落叶	多年草本	喜阳品种
柳穿鱼	6~10 月	白、粉、黄、紫	60~100	落叶	多年草本	喜阳品种
柳叶向日葵	7~9、10~11 月	黄	60~180	落叶	多年草本	喜阳品种
六倍利（翠蝶花）	7~10 月	白、红、紫、青	15~30	落叶	多年草本 / 一年草本	喜阳品种
落新妇	6~9 月	白、浅红、红、紫	40~100	落叶	多年草本	喜阳、耐半阴品种
马鞭草（美女樱）	5~11 月	白、粉、红、紫	25~45	常绿	多年草本 / 一年草本	喜阳品种
满天星（缕丝花、霞草）	6~10 月	白、粉	30~100	落叶	多年草本	喜阳品种

续表

名称＼特性	开花时期	花色	成长时的株高（cm）	常绿 / 落叶	一年草本 / 多年草本 / 球根类	日照条件的区分
美国薄荷	7~10 月	红、紫	50~120	落叶	多年草本	喜阴品种
美国青	4~11 月	浅紫	20~50	常绿	多年草本	喜阳品种
美人蕉	6~11 月	白、红、橙	50~200	落叶	球根类	喜阳品种
木茼蒿（木菊）	3~6 月	白、粉、黄	20~80	常绿	多年草本	喜阳品种
娜丽花（根希百合）	9~11 月	白、红、橙	30~70	落叶	球根类	耐半阴品种
南非菊	11~7 月	黄	50~100	常绿	多年草本	喜阳品种
婆婆纳	5~8 月	白、粉、青紫	20~100	落叶	多年草本	喜阳品种
匍匐风信子	3~4 月	白、青、紫	10~20	落叶	球根类	喜阳品种
匍匐筋骨草	4~6 月	白、紫、青紫	10~20	常绿	多年草本	耐半阴品种
槭叶蚊子草	6~7 月	白、粉、紫红	60~120	落叶	多年草本	耐半阴品种
千屈菜	6~9 月	粉、紫	50~150	落叶	多年草本	喜阳品种
巧克力秋英	6~11 月	深红	30~60	落叶	多年草本	喜阳品种
秋海棠	8~10 月	白、粉	60	落叶	多年草本	喜阴品种
秋牡丹	9~11 月	白、粉	50~80	落叶	多年草本	耐半阴品种
瞿麦	3~12 月	白、粉、红	10~60	常绿 / 落叶	多年草本 / 一年草本	喜阳品种
日本裸菀	5~6 月	粉、紫	20~80	常绿	多年草本	耐半阴品种
赛亚麻	6~7 月	白	20~40	落叶	多年草本	喜阳品种
三叶草	4~7 月	白、红、紫、黑	20~50	常绿 / 落叶	多年草本	喜阳品种
山桃草	6~11 月	白、红	100	落叶	多年草本	喜阳品种
珊瑚钟（红花矾根）	5~7 月	白、粉、红	40~50	常绿 / 落叶	多年草本 / 一年草本	耐半阴品种
芍药	5~7 月	白、粉、红	50~100	落叶	多年草本	喜阳品种
射干（扁竹）	7~8 月	黄、橙	60~80	落叶	球根类	耐半阴品种
圣诞蔷薇	12~5 月	白、红、紫	30~60	常绿	多年草本	耐半阴品种
蓍草	5~9 月	白、粉、黄	50~100	落叶	多年草本	喜阳品种
石蒜属	7~9 月	白、粉、黄、青	40~70	落叶	球根类	喜阳品种
蜀葵	6~8 月	白、粉、黄、红	120~250	落叶	多年草本	喜阳品种
鼠尾草属类	4~11 月	白、红、紫、青	30~150	常绿 / 落叶	多年草本	喜阳品种
水仙	11~4 月	白、粉、黄	15~50	常绿	球根类	喜阳品种
松虫草（轮峰菊）	6~9 月	粉、红、紫	30~100	常绿	多年草本	耐半阴品种
松叶菊	4~7 月	白、粉、黄、红	10	常绿	多年草本	喜阳品种
唐菖蒲	6~11 月	白、红、黄	70~100	落叶	球根类	喜阳品种
天人菊	6~10 月	黄、橙、红	30~90	落叶	多年草本	耐半阴品种
天竺葵	4~10 月	白、粉、红	20~60	常绿	多年草本	喜阳品种
铁线莲	5~7 月	白、粉、黄、红、紫	50~ 数百	落叶 / 常绿	多年草本	喜阳品种
万寿菊	6~10 月	白、黄、橙、红	20~45	落叶	一年草本	喜阳品种
虾脊兰	4~5 月	白、黄、粉、褐色	20~40	常绿	多年草本	喜阴品种
小苍兰（香雪兰）	3~5 月	白、粉、黄、红、紫	20~60	落叶	球根类	喜阳品种
宿根福禄考	6~9 月	白、粉、红	30~120	常绿 / 落叶	多年草本	耐半阴品种
萱草	6~9 月	黄、橙、紫红	30~80	落叶	多年草本	喜阳、耐半阴品种
旋花	5~8 月	青	30~100	常绿	多年草本	喜阳品种
雪莲花	2~3 月	白	7~20	常绿	球根类	喜阴品种
勋章菊	4~6 月、10 月	白、粉、黄、橙	20~30	常绿	多年草本	喜阳品种
薰衣草类	5~7、9~11 月	白、紫、青紫	30~100	常绿	多年草本	喜阳品种
雁河菊（五色菊）	4~12 月	白、粉、紫	15~45	常绿	多年草本	喜阳品种
洋地黄	5~7 月	白、粉、红、紫	60~120	落叶	多年草本	耐半阴品种
洋牡丹	5~7 月	白、粉、黄、红、紫	15~60	落叶	多年草本	喜阳品种
银叶菊	6~8 月	黄	25~60	常绿	多年草本	喜阳品种
罂粟	3~7 月	白、黄、橙、红	50~120	落叶	一年草本	喜阳品种
硬叶蓝刺头	7~9 月	青	70	落叶	多年草本	喜阳品种
羽扇豆	5~6 月	粉、黄、紫、青	60~120	落叶	多年草本 / 一年草本	喜阳品种
玉簪	6~8 月	白、粉、浅紫	15~60	落叶	多年草本	耐半阴品种
郁金香	3~5 月	白、粉、黄、紫红、黑	25~60	落叶	球根类	喜阳品种
珍珠菜	6~8 月	白、黄	5~10	常绿	多年草本	耐半阴品种
紫露草	6~10 月	白、红、紫	30~90	落叶	多年草本	喜阳、耐半阴品种
紫罗兰（草桂花）	3~5 月	白、粉、紫红	15~80	落叶	一年草本	喜阳品种

住宅中常用大中乔木[注1)] 附表 2

树木名称	针/阔叶树	树高（m）		日照条件	用途	特点、适合栽植生长条件
		自然树	庭院树			
常绿大乔木						
常青白蜡	阔叶树	3~10	3	喜阳	欧式风格的庭院	叶子较细。与欧式风格非常相配的常绿植物
黑松	针叶树	10~35	5~8	喜阳	门庭的造型树	日式住宅的门庭中使用。抗海潮和烟雾
红松	针叶树	20~30	3~8	喜阳	门庭的造型树	日式住宅的门庭中使用
厚皮香 ※	阔叶树	5~15	3	喜阴	主干树	生长缓慢，日本庭园中的至宝
具柄冬青 ※	阔叶树	5~15	3	耐半阴	主干树	丛生。抗大气污染、盐碱和病虫害
罗汉松 ※	针叶树	10~25	1.2~3	喜阴	树篱、主干树	分布在关东以南，日式住宅的门庭中使用
欧洲云杉	针叶树	5~30	4~8	耐半阴	欧式风格的庭院	常作为圣诞树使用
青冈栎 ※	阔叶树	10~20	3~3.5	喜阳	主干树、高树篱	发芽力旺盛、速生植物
全缘冬青 ※	阔叶树	3~10	3	喜阴	主干树、树篱	秋天结很多红色果实非常受小鸟喜爱
日本榧树 ※	针叶树	8~20	3	喜阴	遮挡、树篱	抗大气污染和盐碱地
日本冷杉	针叶树	20~30	3	耐半阴	欧式风格的宽敞庭院	抗海潮、烟雾
松柏类[注2)]	针叶树	10~20	1.2~3	耐半阴	列植、树篱	适合于欧式住宅。速生植物
铁冬青 ※	阔叶树	5~10	3	耐半阴	主干树、	结红色果实。适合庭院栽植
小叶青冈 ※	阔叶树	10~20	3~3.5	耐半阴	主干树	速生植物。树形与自然景观非常融合
落叶大乔木						
安息香 ※	阔叶树	3~10	3	耐半阴	可作为绿荫树	树形与自然景观非常搭配
白桦	阔叶树	5~25	3	喜阳	欧式风格的较大庭园	分布于北海道、本州中部和北部
白玉兰	阔叶树	3~6	3	耐半阴	欧式风格庭院的主干树	早春开白色大花。有芳香气味
枹栎 ※	阔叶树	8~20	3	喜阳	自然风格的庭院	树形与自然景观非常搭配
昌化鹅耳枥 ※	阔叶树	5~20	3	耐半阴	景观树	速生植物。树形与自然景观非常融合
大柄冬青	阔叶树	10	3	喜阳	景观树	有很美的自然树形
大花山茱萸	阔叶树	5~10	3	耐半阴	欧式风格庭院的主干树	红白搭配可用作寓意好兆头的树木
鹅耳枥 ※	阔叶树	5~15	3	耐半阴	景观树	抗寒性好，树形美观
枫树类	阔叶树	5~20	3	喜阴	主干树、景观树	秋天可赏红叶
国槐	阔叶树	5~15	3	喜阳	绿荫树	抗烟雾和海风
合花楸 ※	阔叶树	7~10	3	耐半阴	混植	红叶和红色果实很美
红山紫茎	阔叶树	5~20	3	耐半阴	玄关两侧、建筑周边	7~8 月像山茶花那样开白色花
华东椴	阔叶树	10~20	3	喜阳	绿荫树	花蕊能采出优质的花蜜
姬沙罗（日本紫茶）	阔叶树	5~20	3	耐半阴	茶庭、玄关两侧	红山紫茎的小型品种。树干纹理较美
鸡爪槭 ※	阔叶树	5~15	3	耐半阴	主干树、背景树	石块组的配景
加拿大唐棣	阔叶树	8~10	3	喜阳	主干树	4~5 月开百色花。6 月黑紫色果实成熟
榉树 ※	阔叶树	5~35	3	喜阳	较大庭园的主干树	树形与自然景观非常搭配
榔榆	阔叶树	10~15	3	喜阳	主干树	抗海风可做防风林
连香树	阔叶树	5~20	3	喜阳	主干树	树形与自然景观非常搭配
柳树	阔叶树	5~15	3	喜阳	景观树	用作水边植物
麻栎	阔叶树	15~20	3	喜阳	景观树	甲虫类、昆虫等吸食树液而聚集
梅花	阔叶树	3~10	2.5~3	喜阳	主干树	果实用于做果酒和食用
木瓜海棠	阔叶树	5~20	3	喜阳	景观树	果实可做果酒和药用
南京椴	阔叶树	10	3	喜阳	主干树、景观树	寺院内栽植较多
日本七叶树	阔叶树	10~30	3	耐半阴	绿荫树	花期为 5~6 月。15~25cm 的圆锥状花序
日本辛夷 ※	阔叶树	5~20	3	耐半阴	主干树	早春开白色花
三角枫	阔叶树	10~20	3.5	喜阳	绿荫树	耐修剪、具备耐寒性
山樱 ※	阔叶树	15~20	3	喜阳	较大庭园的主干树	树形与自然景观非常搭配
石榴	阔叶树	10	3	喜阳	主干树	6 月开花。花色有白色、红色、淡红色
柿树	阔叶树	5~10	1.5~3	喜阳	茶庭的主干树	10~11 月结果。能食用
四照花 ※	阔叶树	10~15	3	耐半阴	主干树	从下面不太容易观察花卉。俯视观赏
五角枫	阔叶树	15~20	3	喜阳	主干树、背景树	树形与自然景观非常搭配
紫薇	阔叶树	5~10	3	喜阳	主干树	夏天开红花
紫玉兰	阔叶树	3~5	3	喜阳	主干树、景观树	早春开红紫色花。没有任何芳香
常绿中乔木						
八角金盘	阔叶树	2~3	1	喜阴	绿荫树	作为背阴地遮挡视线树木使用
北美香柏	针叶树	10~20	2	喜阴	修剪造型树、树篱	在北侧做树篱使用
茶梅	阔叶树	5~15	2	喜阴	树篱、主干树	秋～冬开与山茶花相似的花
齿叶木樨	阔叶树	2~6	1.8	喜阴	树篱、密集栽植遮盖地面	适合在北侧栽植

续表

树木名称	针 / 阔叶树	树高（m）		日照条件	用途	特点、适合栽植生长条件
		自然树	庭院树			
大叶黄杨 ※	阔叶树	2~6	1.2~2	喜阴	树篱	耐阴，抗烟雾、海潮侵害
丹桂	阔叶树	4~6	2	耐半阴	主干树、树篱	有香味的树木
东北红豆杉 ※	针叶树	5~15	2~3	喜阴	主干树、树篱	耐酷暑
钝齿冬青 ※	阔叶树	3~10	1.5~3	喜阴	修剪造型树、树篱	用于日式风格中的整株圆形修剪造型、分枝圆形修剪造型等
菲油果（凤梨番石榴）	阔叶树	3~5	1.5	喜阳	树篱、主干树	果实可食用
橄榄	阔叶树	5~15	1.8~3	喜阳	主干树、景观树	喜干燥。果实可食用
红叶石楠	阔叶树	3~8	1.2	耐半阴	主干树、树篱	叶子为 8~15cm 的扁椭圆形，新叶为红色
继木	阔叶树	5~15	1.2	耐半阴	主干树、景观树	2~3 月开黄色小花
夹竹桃	阔叶树	3~5	1~3	喜阳	树篱	抗大气污染、海潮侵害
金森女贞	阔叶树	2~3	2	喜阴	树篱、密集栽植遮盖地面	抗大气污染和盐碱侵害、病虫害
蓝粉云杉	针叶树	20~30	2	喜阳	主干树、景观树	叶子为亮青灰色品种松柏植物，倍受青睐
龙柏	针叶树	6~10	1.5~3	喜阳	主干树、树篱	附近不宜栽植蔷薇科植物
蜜橘	阔叶树	2~5	1	喜阳	景观树	柑橘凤蝶非常喜欢
日本花柏	针叶树	20~25	1.5~3	喜阴	背景树、树篱	叶子类似日本扁柏
日本珊瑚树	阔叶树	5~8	2	喜阴	树篱、北侧	夏天结像红色珊瑚一样的果实
山茶花 ※	阔叶树	5~15	2	喜阴	主干树、树篱	冬季开像山茶花一样的话。北侧也能生长
山茶花类 ※	阔叶树	2~3	2	喜阴	主干树、树篱	叶与茶梅相似、大而艳丽
树参 ※	阔叶树	5~10	1.5~3	喜阴	北侧或玄关两侧	抗大气污染、烟雾侵害
乌冈栎	阔叶树	5~10	1.5~3	耐半阴	修剪造型树、树篱	用于日式风格中的整株圆形修剪造型、分枝圆形修剪造型等
乌心石	阔叶树	5~10	2	耐半阴	主干树	早春花香飘逸
香橙（日本柚子）	阔叶树	5~15	1.2	喜阳	主干树、景观树	果实是烹饪的至宝，用于冬至的柚子汤
羽叶花柏	针叶树	5~15	2	喜阳	树篱	冬季部分叶子变成金黄色
圆金柑（金橘）	阔叶树	1~2	1	喜阳	观赏树	秋～冬接黄色果实。有芳香气味
月桂树	阔叶树	6~15	2	喜阴	主干树（欧式风格）	别名桂冠树、香叶，叶子散发出芳香
云片柏	针叶树	5~8	2	喜阴	修剪造型树、遮挡	日本扁柏的园艺品种
落叶中乔木						
垂丝海棠	阔叶树	5~8	2	喜阳	门庭、玄关两侧	4~5 月开浅红色花、呈下垂状
大叶钓樟 ※	阔叶树	3~6	1.5	喜阴	添景树	木材用作茶道中使用的牙签
华东山柳 ※	阔叶树	3~5	2.5	耐半阴	自然风格的庭院	6~7 月从枝头开始开白色小花
荚迷 ※	阔叶树	2~5	2	喜阴	混植、压实所栽树根的培植土	9~10 月接红色果实
荚迷属 ※	阔叶树	2~3	1	耐半阴	混植、压实所栽树根的培植土	有大量细长的分枝丛生
金缕梅 ※	阔叶树	3~6	1.5	耐半阴	玄关两侧、茶庭、露天场地	冬～早春开少量花卉
旌节花	阔叶树	3~8	1.5	喜阳	添景树	从根部分出大量细长枝条
巨紫荆	阔叶树	2~5	1.2	喜阳	草皮园、建筑周边	4 月整个枝条上开满紫红色花
腊梅	阔叶树	2~3	1.5	耐半阴	茶庭	1~2 月芳香浓郁的黄色花卉朝下开放
蜡瓣花	阔叶树	2~3	1	喜阳	压实所栽树根的培植土、边界线栽植	3~4 月开浅黄色花、呈下垂状
木芙蓉	阔叶树	1~3	2	喜阳	列植、群植	醉芙蓉早晨开始白色→粉色→红色逐渐变化
木槿	阔叶树	2~5	2	耐半阴	混植、边界线栽植	树干挺直，7~10 月开花
欧丁香	阔叶树	2~6	1.8	喜阳	自然风格的庭院	有浓郁的芳香。分布在本州中部以北地区
日本莺藤 ※	阔叶树	1.5~3	1	喜阳	混合栽植、树下低矮灌木丛	3~4 月开浅红色花
日本紫珠 ※	阔叶树	2~3	1.2	耐半阴	自然风格的庭院	是观花树木或切花的必用植物
山茱萸	阔叶树	3~10	1.5	耐半阴	主干树	早春叶子长出前开花色花、接红色果实
溲疏类 ※	阔叶树	1.5~4	1	喜阳	群植	5~6 月开大量白色小花，呈下垂状
贴梗海棠	阔叶树	2~3	1	喜阳	边界线栽植等	3~4 月开粉红色的花。枝条上有刺
西南卫矛	阔叶树	3~6	1.5	喜阳	树下低矮灌木丛等	5~7 月开绿色的花，秋天结红色果实

续表

树木名称	针/阔叶树	树高（m）		日照条件	用途	特点、适合栽植生长条件
		自然树	庭院树			
小叶冬青　※	阔叶树	2~5	1	喜阳	混合栽植、树下低矮灌木丛	适合冬季庭院的观赏树
小紫珠　※	阔叶树	1.5~2	1	耐半阴	混合栽植、树下低矮灌木丛	夏天在垂枝上开花，果实为紫色
星毛珍珠梅	阔叶树	3~5	1.5	喜阴	添景树	叶子是锯齿形。7~8月开白色花
特殊树木						
矮叶棕榈	阔叶树	5~10	3	喜阳	欧式风格的庭院	棕榈的叶子呈下垂状
剑叶朱蕉	阔叶树	3~7	2	喜阳	欧式风格的庭院	从茎的前端开始呈放射状长出叶子
苏铁	阔叶树	3~7	1.5	喜阳	欧式风格的庭院	叶子像大量的羽毛一样分散生长。大型植物
新西兰麻	阔叶树	1~3	1	喜阳	欧式风格的庭院	整个植株呈圆锥状，从各个方向都可观赏
朱蕉	阔叶树	1~3	1	喜阳	种植钵/箱、景观树	叶子为线状彩色叶
竹类	阔叶树	10~15	2	喜阳	种植钵/箱、主干树	小型赤竹。紫竹、业平竹、毛竹等

注1） ※标记为日本原有品种。粗字体为最近欧式风格或日欧折中风格住宅中推荐使用的树木

注2） 香柏是侧柏的园艺品种。绿干柏的特点是有银白色叶子和香味。金叶大果柏木的叶子为淡黄色

住宅中常用矮木（灌木）[注1]　　附表3

树木名称		针/阔叶树	树高（m）		日照条件	用途	特点、适合栽植生长条件
			自然树	园林树			
常绿矮木（灌木）							
矮紫杉		针叶树	2~4	0.5	喜阴树	压实所栽树根的培植土	丛生状覆盖地面生长。耐寒性极强
扁柏		针叶树	2~5	0.8	喜阳树	绿篱等	嫩叶为金黄色，夏天为绿色冬天为浅茶色
滨柃　※		阔叶树	1~6	0.5	喜阴树	大乔木下的矮木（灌木）、绿篱	滨海海岸用植物，能抵抗大气污染、海潮危害
草珊瑚　※		阔叶树	0.5~1	0.4	喜阴树	压实所栽树根的培植土、混合栽植	12~2月球状果实变红并成熟
侧柏		针叶树	1~10	0.5	中性树	绿篱、列植	树形为圆锥状，叶呈掌状
茶树		阔叶树	1~2	0.3	喜阳树	大乔木下的矮木（灌木）、绿篱	11~12月叶根处开白花
大花六道木		阔叶树	1~3	0.5	喜阳树	道路沿线	抗排气瓦斯，夏~秋开浅红色花
单籽金丝桃		阔叶树	0.6~1	0.4	中性树	边界线栽植、压实所栽树根的培植土	6~7月开黄色花
冬红山茶　※		阔叶树	0.6~3	0.4	中性树	绿篱等	寒冬之中（10~3月）开花
杜鹃花类		阔叶树	2~3	0.5	中性树	压实所栽树根的培植土、混合栽植	4~5月开白色、粉色、红色花
杜鹃类	锦绣杜鹃	阔叶树	1~3	0.4	中性树	大乔木下的矮木（灌木）、地被	分布于北海道南部~九州。叶面宽大
	毛杜鹃（锦绣杜鹃）	阔叶树	1~2	0.5	喜阳树	主干树木、边界栽植	分布于东北地区的南部以南。花为红紫色
	山杜鹃	阔叶树	1~5	0.6	中性树	大乔木下的矮木（灌木）、压实所栽树根的培植土	分布于北海道南部~九州。寒冷地区为落叶
	石岩杜鹃	阔叶树	1~2	0.4	中性树	边界线栽植、压实所栽树根的培植土	花的内部为深红色斑纹呈漏斗状
皋月杜鹃类		阔叶树	1~1.5	0.3	喜阳树	大乔木下的矮木（灌木）、混合栽植	品种繁多，盆栽爱好者也很多
瓜子黄杨		阔叶树	0.3	0.2	喜阴树	混合栽植	用于花坛
龟甲冬青（豆瓣冬青）		阔叶树	2~3	0.3	中性树	绿篱、混合栽植	修剪成圆滑形状后作灌木使用
桧柏（柏球）		针叶树	1~1.5	0.5	中性树	花坛收边	圆柏的园艺品种呈椭圆状
海桐		阔叶树	2~5	0.4	喜阴树	绿篱、边界线栽植	叶和茎有臭味
厚叶石斑木		阔叶树	2~4	0.5	喜阴树	压实所栽树根的培植土、遮挡视线	枝干呈车轮状生长，花似梅花
华南十大功劳		阔叶树	1~2	0.5	喜阴树	大乔木下的矮木（灌木）等	叶子前端较尖锐
火焰南天竹		阔叶树	0.5~0.7	0.3	中性树	大乔木下的矮木（灌木）、混合栽植	冬天红色的叶子独具魅力。耐阴
金丝梅		阔叶树	0.5~0.9	0.5	中性树	边界线栽植等	半常绿品种。6~7月开黄花

续表

树木名称	针 / 阔叶树	树高（m）		日照条件	用途	特点、适合栽植生长条件
		自然树	园林树			
锦熟黄杨	阔叶树	1~2	0.5	中性树	绿篱、压实所栽树根的培植土	别称欧洲黄杨木。椭圆叶，冬天变成橘色
柃木 ※	阔叶树	1~5	0.5	喜阴树	绿篱、压实所栽树根的培植土	树木剪枝整形后枝叶长得更茂盛
六月雪	阔叶树	0.3~1	0.4	中性树	压实所栽树根的培植土	6~7 月开白色花
马醉木	阔叶树	0.5~1.5	0.4	喜阴树	大乔木下的矮木（灌木）、混合栽植	叶和茎有毒马误食会被麻醉
南天竹 ※	阔叶树	1~2	0.3	喜阴树	大乔木下的矮木（灌木）、绿篱	11~2 月结红色果实。具有转运意思
欧石楠	阔叶树	0.3~2	0.2	喜阳树	大乔木下的矮木（灌木）、混合栽植	2~3 月开浅红色花，秋天结红色果实
瑞香	阔叶树	1~1.5	0.4	喜阴树	压实所栽树根的培植土、绿篱	花有沉香和丁香的香味
山月桂	阔叶树	2~8	0.5	喜阳树	欧式草坪庭院	5~6 月开 60~60 朵浅红色花
桃叶珊瑚	阔叶树	2~3	0.8	喜阴树	大乔木下的矮木（灌木）、压实所栽树根的培植土	分布于全国，也有花斑桃叶珊瑚
小花栀子 ※	阔叶树	0.3~0.6	0.2	中性树	压实所栽树根的培植土、绿篱	6~7 月开小白花
岩石南天竹	阔叶树	1~3	0.4	喜阴树	建筑的背阴、围墙边界	绿叶上有白、红、黄色斑纹
偃柏	针叶树	0.3~0.6	0.5	喜阳树	地被植物	具有较强的耐寒性和抗海潮
银姬小蜡	阔叶树	2~5	0.8	喜阳树	绿篱	花斑纹的最有特点，且耐阴
窄叶火棘	阔叶树	1~5	0.5	喜阳树	绿篱	10~11 月结橙黄色果实
姫车轮梅	阔叶树	1~3	0.5	喜阳树	大乔木下的矮木（灌木）、混合栽植	5~6 月开白色花
栀子花 ※	阔叶树	1~2	0.5	中性树	压实所栽树根的培植土、边界线栽植	6~7 月开白花
朱砂根	阔叶树	0.3~2	0.3	喜阴树	大乔木下的矮木（灌木）、混合栽植	花期 6~7 月。秋 ~ 冬结红色果实。吉祥树木
落叶矮木（灌木）						
八仙花	阔叶树	1.5~2	0.5	喜阴树	大乔木下的矮木（灌木）、压实所栽树根的培植土	中间是小花、周边伴有装饰花
长柄双花木	阔叶树	2~3	0.5	中性树	主干树木	心形叶子，红叶是最美。适合欧式风格
棣棠	阔叶树	1~2	0.5	中性树	大乔木下的矮木（灌木）、边界线栽植	3~6 月从枝头开始大量的黄花呈下垂状盛开
胡椒木	阔叶树	2~3	0.8	中性树	大乔木下的矮木（灌木）、混合栽植	嫩叶可食用，果实做调味料及药用
蓝莓	阔叶树	1.5~3	0.5	喜阳树	主干树木、果树	雌雄两株配对栽植有利于结果
连翘	阔叶树	2~3	0.8	喜阳树	绿篱、边界线栽植	3~4 月从枝头开始大量的黄花呈下垂状盛开
麻叶绣线菊	阔叶树	1.5~2	0.5	中性树	大乔木下的矮木（灌木）、边界线栽植	4~5 月从枝头开始大量的白花呈下垂状盛开
毛樱桃	阔叶树	1~1.5	0.8	喜阳树	主干树木、果树	自古就作为庭院树木栽培种植
日本吊钟	阔叶树	1~4	0.5	喜阳树	边界线栽植等	4~5 月开大量白花。秋天变成红叶
日本三叶草	阔叶树	1~2	0.5	喜阳树	大乔木下的矮木（灌木）、混合栽植	夏 ~ 秋开红紫色花，枝干为下垂状
日本绣线菊	阔叶树	0.6~1	0.5	喜阳树	建筑齐腰栽植	5~6 月从枝头开始大量的白色、红花呈下垂状盛开
少花蜡瓣花	阔叶树	1~3	0.5	喜阳树	边界线栽植	3~4 月从枝头开始大量的黄花呈下垂状盛开
卫矛 ※	阔叶树	1~3	0.5	中性树	大乔木下的矮木（灌木）、压实所栽树根的培植土	秋天的红叶称得上是锦色斑斓
腺齿越橘	阔叶树	2~3	0.5	中性树	大乔木下的矮木（灌木）、混合栽植	夏天变红叶
绣球花	阔叶树	1.5~2	0.5	喜阴树	大乔木下的矮木（灌木）、压实所栽树根的培植土	花色改良后有白色、粉色、紫色、青紫色等
野扇花	阔叶树	0.8	0.4	喜阴树	群植	烈日照射不到的场所也可生长
银边八仙花	阔叶树	0.7~1	0.3	喜阴树	大乔木下的矮木（灌木）、混合栽植	干燥后的叶子煎炒后就是甜茶
珍珠绣线菊	阔叶树	1~1.5	0.5	喜阳树	大乔木下的矮木（灌木）、压实所栽树根的培植土	3~4 月从枝头开始大量的白花呈下垂状盛开

注 1） ※ 标记为日本原有品种。粗字体为最近欧式风格或日欧折中风格住宅中推荐使用的树木

住宅中常用树下草丛、地被类植物　附表 4

名称	多年草本 / 球根	株高（cm）	繁殖方法	适合栽植场地	用途	开花期 / 花色等
常绿树下草丛、地被类植物						
常夏石竹	多年草本	20~40	分株	全阳	花坛、种植钵	5~6 月开浅红色花
葱兰	球根类	10~30	茎插	半日阴	吊篮	墨西哥原产多肉植物。1m 左右呈帘幕状下垂
丛生福禄考	多年草本	10	分株	全阳	地被植物	3~5 月开花，像地毯一样匍匐延展生长
大吴风草	多年草本	25~60	分株	全阴	压实所栽树根的培植土	10~12 月开黄色花
顶花板凳果（富贵草）	多年草本	15~30	分株	全阴	压实所栽树根的培植土、树下草丛	叶子有光泽，叶子边缘有较浅的锯齿
蝴蝶花	多年草本	30~40	分株	全阴	树下草丛	5~6 月结大量白紫色花
花斑阔叶山麦冬	多年草本	15~40	分株	全阴	压实所栽树根的培植土、树下草丛	叶子是长条状的彩色观叶植物
阔叶山麦冬	多年草本	25~50	分株	全阴	压实所栽树根的培植土、列植	8~9 月开大量淡紫色小花
蓝羊茅	多年草本	20~40	分株	全阳	混合栽植、花坛	独特的半球状能让人印象深刻
麦冬（沿阶草）	多年草本	10~20	分株	半日阴	压实所栽树根的培植土、树下草丛	观叶色。也有黑色的黑沿阶草
木贼	多年草本	30~60	分株	半日阴	压实所栽树根的培植土、树下草丛	大多数的茎直立生长。无花
耐寒荀子	多年草本	50~100	扦插	全阳	地被植物	枝条水平伸展，可观赏花和果实
匍匐筋骨草	多年草本	10~20	分株	半日阴	树下草丛	4~6 月花穗直立后开花
日本倭竹	多年草本	50~150	分株	半日阴	地被植物	叶宽大外观密集紧凑
圣诞蔷薇	多年草本	30~60	分株	半日阴	树下草丛、花坛	12~5 月开白花。在切花中倍受青睐
石菖蒲	多年草本	20~50	分株	半日阴	石质水钵的陪衬	4~5 月开褐色花
苔草	多年草本	10~20	分株	任何场地	混合栽植、花坛	全世界有 2000 多品种。花叶蒲苇也属同种
铁线藤	多年草本	10~20	分株	半日阴	压实所栽树根的培植土、树下草丛	红色圆形的叶子十分招人喜爱
维氏小熊竹	多年草本	30~50	分株	半日阴	树下草丛、压实所栽树根的培植土	带斑纹的较受欢迎
虾脊兰	多年草本	20~40	分株	全阴	半阴用地的地被类植物	4~5 月开褐色花
小蔓长春花	多年草本	10~20	分株	半日阴	吊篮、收边	叶子呈蛋形有白色边
偃柏	多年草本	10~30	扦插	全阳	地被植物	圆柏的园艺品种。覆盖地表面积较广
一叶兰	多年草本	60~90	分株	全阴	花坛、种植钵	其特点是从地下根茎直接生长出新叶
玉龙草（短叶沿阶草）	多年草本	5~10	分株	半日阴	地被植物	株高较低适合地被植物
紫金牛	多年草本	10~20	扦插	半日阴	压实所栽树根的培植土、树下草丛	7~8 月开空色小花
落叶类树下草丛、地被类植物						
白芨	多年草本	30~50	分株	半日阴	树下草丛、花坛	一只花茎上开数个紫红色花
德国铃兰	多年草本	30	分株	半日阴	花坛、种植钵	喜欢贫瘠的土壤
荷兰番红花	球根类	5~10	分株	全阳	混合栽植、花坛	有耐寒性。秋季栽植的球根植物
荚果蕨	多年草本	10~20	分株	全阴	石碓组、水域周边	观叶色
小杜鹃	多年草本	20~100	分株	半日阴	压实所栽树根的培植土、列植	8~10 月出现红紫色斑纹并开花
萱草	多年草本	30~80	分株	半日阴	花坛、种植钵	夏天开黄色花
洋牡丹	多年草本	15~60	分株	全阳	混合栽植、花坛	园艺中花色丰富的欧洲毛茛是主流
淫羊藿	多年草本	15~40	分株	半日阴	压实所栽树根的培植土	4~5 月开白色或红紫色花
玉簪	多年草本	15~60	分株	半日阴	混合栽植、群植	6~8 月开浅色花

住宅中常用藤本植物注1)　附表 5

植物中文名称	开花、结果及观赏期注1)	花或果实、叶色（形）注2)	特性	使用场地及使用方法
常绿藤本植物				
薜荔	全年（叶）	小圆形（叶）	吸附性	吊篮、地被植物
常春藤类	全年（叶）	也有带斑纹的（叶）	下垂、吸附	墙体、地被植物
常绿钩吻藤（金钩吻）	4~6 月	淡黄色	卷曲	盆栽、建筑墙体、藤架或拱架上攀爬
扶芳藤	全年（叶）	白、黄色有斑纹	吸附性	墙体或树木上吸附生长
号角藤	5~7 月	橙褐色	卷曲	攀爬到栅栏上，阳台的视线遮挡用

续表

植物中文名称	开花、结果及观赏期[注1)]	花或果实、叶色（形）[注2)]	特性	使用场地及使用方法
黄金络石	5~6月	白	吸附性	大面积或坡地的地被植物
金银花	5~6月	白、黄色	卷曲	缠绕与庭院内的大乔木、绿篱、栅栏等处
蓝茉莉（蓝雪丹）	5~10月	淡青	下垂、卷曲	缠绕在栅栏或拱架上观赏
蔓马缨丹	5~11月	白、粉	下垂	石墙或花坛的边缘栽植使其垂落
蔓长春花	4~11月	白、紫	下垂、吸附	从石墙或混凝土墙下垂、吸附
木香花	4~5月	白、黄	卷曲	攀爬到拱架、格架上，作成杆
南五味子	7~8月	集中球形果粒（果实）	卷曲	栅栏、绿篱根部缠绕
牛藤果（五指那藤）	5月	淡黄、淡紫	卷曲	攀爬到栅栏、拱架上
日本常春藤	10月	黄绿色	吸附性	墙体、吊篮、格架
软枝黄蝉	5~9月	鲜黄色	卷曲	盆栽、夜灯骨架
素馨花	3~5月	白	卷曲	盆栽、栅栏、拱架上攀爬
西番莲	6~9月	白、大红、暗红	卷曲	夜灯骨架、栅栏上缠绕
小蔓长春花	4~11月	白、紫	下垂、吸附	从石墙或混凝土墙下垂、吸附。也适用栽植于寒冷地区
叶子花（三角梅）	5~9月	白、黄、红、紫	卷曲	盆栽、阳台的栅栏
紫蔓豆（小町藤）	3~4月	粉、紫	卷曲	攀爬于庭院的大乔木或栅栏
落叶藤本植物				
多花紫藤	6~8月	白（花）、黑（果实）	卷曲	做成杆。缠绕在栅栏、藤架上
贯月忍冬	6~10月	橙黄色	卷曲	缠绕到栅栏、格架上
黑莓	6~7月	白	卷曲	沿栅栏或窗边匍匐生长
凌霄	7~8月	粉、橙	吸附性、卷曲	建筑的墙体绿化
美味猕猴桃	5月中旬（花）10~11月（果实）	白、淡黄（花）、淡茶色（果实）	卷曲	缠绕藤架、拱架上。制作棚架，攀爬到格架上做墙体绿化
木通	4~5月	淡紫	卷曲	缠绕到栅栏上。制作棚架
南蛇藤	5~6月	橙黄	卷曲	攀爬在绿篱或杆上
爬山虎	全年（叶）	秋天的红叶（叶）	吸附性	建筑等的墙体绿化
山荞麦	8~9月	白	吸附性、卷曲	攀爬在格架、藤架、墙体上
藤本月季	4~11月	白、黄、红	卷曲	缠绕在藤架、栅栏上

注1）无特别标记均指“花”。“（果）”指果实的结果期，“（叶）”指叶的观赏期

注2）无特别标记均指“花”。“（果）”或“（叶）”指果实或叶子的色彩或形态

芳香植物 **附表6**

季节	植物名称	芳香特点	使用方法
早春~春	百里香	普通百里香具有直立性，叶子有稍带刺鼻的香气。也有的有柠檬、果茶、茴香等香味	肉食烹饪中使用。对伤风或流行感冒引起的咳嗽、咽喉痛的等症状可作为漱口药茶使用
	冬季金银花	像蜂蜜一样的浓香味	攀附在拱架或栅栏上，不占用空间
	芳香天竺葵	有柠檬、苹果、薄荷等各种香味	提炼出来的精油可作为高价玫瑰精油的替代品
	红蕾雪球荚蒾	浓烈甘香中混杂有像丁香一样的刺鼻味道	让庭院充满浓烈的香气
	马郁兰	细腻、甘甜的芳香	作为香草用于烹饪的最后缓解
	香堇菜	花卉盛开时有轻微的甜香	香水的原材料
	洋甘菊	像苹果一样的清凉味道	可作为药茶引用。含有消炎成分的母菊薁和镇静作用的芹菜素，对缓解胃痛具有很好疗效
	芝麻菜	有芝麻的香味很受欢迎	叶子有芝麻一样的香气和辛辣，作为烹饪中的香草使用。花卉也与油菜花的甘香相似，可洒在凉菜上用

续表

季节	植物名称	芳香特点	使用方法
初夏~夏	重瓣栀子	散发出回味无求的甘甜芳香	绅士晚礼服的上衣兜如果不插上这种花就不能算完美无缺
	德国铃兰	香水的原材料	根可做药用（强心、利尿），叶可做燃料
	肥皂草	淡粉色花卉有水果茶的甜香里混入了丁香的香气	在不含钙的水中煮沸后会出现淡淡的香皂液
	茴香	有甘甜的舒服香气	叶子经常用于烹饪鱼中，种子作为调味料用于甜品或面包中
	藿香	整个植株有跟甘青铁线莲的种子相似的甘香	叶和花用于花茶或混合精油中。可作为蜜蜂的蜜源植物栽培
	假荆芥新风轮菜	与胡椒薄荷的香味相似	是小型花束（tussie- mussies）的至宝
	快乐鼠尾草	从叶和茎飘出葡萄柚和薰衣草混杂的独特浓香	香水产业或香薰疗法
	琉璃苣	叶和茎有黄瓜的清香	种子中含有二十二碳六烯酸用于榨油
	罗勒	叶子有掺杂丁香的甜香	烹饪用香草。特别适合番茄之类菜品
	络石	重瓣花卉有像茉莉花一样的清爽香气	攀爬在栅栏或树木上培育
	玫瑰	甜香	果酱、花茶（蔷薇的果实）、用于香薰疗法起舒缓神经紧张的作用
	美国薄荷	叶和茎碾碎后，有像混入柑橘类鼠尾草的香气。与做香精用的佛手柑相似的味道。花有蜂蜜般的甜香	用于切花、混合精油、干花
	柠檬香蜂草	有柠檬般的新鲜芳香。是蜜蜂喜欢的香味	作为香草茶的配料备受青睐。蔬菜沙拉中作为柠檬香精使用
	柠檬香茅	姿态像芒杆。柠檬和生姜的混合香味	用于驱虫的香薰蜡烛或喷剂
	晚香王玫瑰	叶有香草兰似的香味	香水
	小花（双瓣）茉莉花	与栀子花一样有浓烈的香气	用于茉莉花茶
	薰衣草类	有樟脑和薄荷、杉木的香气	香水、芳香疗法、护发素、混合精油
秋	番红花	浓郁的甜香	雌蕊干燥后用于烹饪、涂料、医药。可上色（黄色）和增加偏辣口味
	凤梨鼠尾草	叶有菠萝的香味	甜品或沙拉、猪肉菜品、香草茶，干燥后用于混合精油
	菊蒿	加入樟脑的甜味和苦味的舒爽香味	具有驱虫效果。花瓣式鲜艳的黄色。茎为黄绿色，用作绢或丝绸的染料
	柠檬马鞭草	轻轻碰触叶子就会散发出柠檬般的香味	混合香精或者香薰袋、精油用于香水
	佩兰	叶的芳香成分香豆素干燥后散发出跟大岛樱叶子一样的香味	新鲜或干燥后做泡浴料，干花或者与叶合用于混合香精
冬	迷迭香	叶子有爽快的浓香	浸泡液含有强力抗氧化成分迷迭香酸可用作强壮剂和止血剂。是抗衰老的香草
	松红梅	叶子有清爽的甘甜味	为冬季庭院装点色彩，观花树木中的珍品
	香桃木	揉搓叶子会散发出与尤加利相似的香味	做利口酒（餐后香甜酒）

户外环境绿化的相关法规

对住宅区私人用地内的意匠、位置的规范要求有：①符合建筑规范要求的建筑协定；②符合城市规划条例的地区规划（建筑条令）；③符合景观法规的景观协定；④符合城市绿地法规的相关绿地协定；⑤民事法规的相关规定。景观法规成立后，自治体可以自行制定景观规划细则，规划细则可以针对指定区域内的绿化义务和建筑物发布色彩规制及变更指令等。

1 符合建筑规范要求的建筑协定概要

建筑协定依据建筑规范（法第 69 条）规定，结合一定区域内全体居民的共同意愿制定建筑物（也包括附属外环境）的用地范围、位置、构造、用途、形态特征等相关标准后，应向市街村镇提出申请并公示。建筑协定与地区规划（建筑条令）的最大区别就是，建筑协定是依照居民的共同意愿制定出来的，而地区规划是由市街村镇结合各个地区的特点来制定。

依照建筑协定规制的主要项目包括：道路面层的绿篱化、绿篱和院门墙需从道路边界红线退后一段距离等。其他依照本法规制定的项目参见图表。

除此之外，建筑规范将与户外环境相关的有棚停车位或凉亭、库房、高度超过 2m 的挡土墙等项目也涵盖到规范对象内，需要提出建筑鉴定申请。但是，防火或准防火地区以外的增建面积不超过 $10m^2$ 的情况不需要申请。

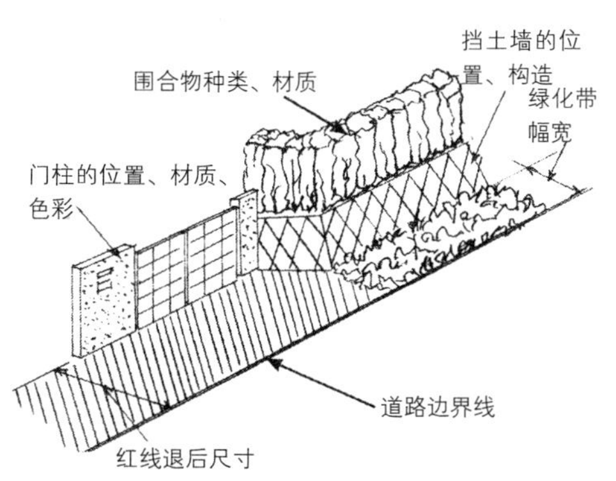

依照建筑协定规制的项目内容实例

2 符合城市规划条例的地区规划概要

市街村镇的政府机构依照城市规划条例，以地区标准的街区为详细规划街道的目标，针对各个地区的特点，对大街小巷的街区道路和小型公园等地区设施、建筑用途和形态、用地范围等项目制定综合统一的地区整治规划，这就是地区规划。

地区规划制度是依照地区规划引导并规制建筑行为和开发行为，以促进良好的城市环境整治与保护。地区整治规划条例化后的内容统称为建筑条例，由各个市街村镇制定。依据建筑条例的相关规制项目参见下表。

3 符合景观法规的景观协定概要

为谋求城市街道良好景观的形成，市街村镇在城市规划区域或准城市规划区域内，可指定相应的景观地区或准景观地区（法第 61 条）。景观地区内可限定建筑物或构筑物的形态和色彩及其他意向、最高和最低高度、

■户外环境相关制度的规制项目比较（概要）

规制项目	建筑协定（建筑规范）	建筑条令（城市规划法规）	景观协定（景观法规）	绿地协定（城市绿地法规）
建筑用途	○	○	×	×
建筑形态	○	○	○	×
容积率最高和最低限制	○	○	×	×
建筑密度的最高限制	○	○	×	×
用地面积的最低限制	○	○	○	×
建筑层数	○	×	×	×
最高和最低高度限制	×	○	○	×
增建限制要求	○	×	×	×
用地分让的限制	○	×	×	×
墙体位置	○	○	○	×
建筑意向	○	○	○	–
建筑构造标准	○	×	×	×
建筑设备标准	○	×	×	×
改变地基的限制	○	×	○	×
“围墙”或“栅栏”的限制	○	○	○	○
绿化的义务标准	○	×	○	○
保护树林及草地的义务标准	×	×	○	○

注）具体实施用地的详细内容，务必与相关行政机构进行确认。

墙体位置、建筑用地面积的最低限制等。也可结合规划区域内组团用地的产权人和有租借用地所有权的全体业主的共同意愿，缔结与形成良好景观有关的相关协定（景观协定）。景观协定从表中所列项目中筛选出相关的部分。

4 符合城市绿地法规的绿地协定制度和绿化地区制度的概要

1）绿地协定制度

绿地协定是为保证街区的良好环境，根据土地所有者的共同意愿缔结与绿地保护和绿化有关的相关协定的制度。协定与前面所述的建筑协定同样，根据土地所有者的共同意愿缔结协定，有获得市街村镇的政府认可的全员协定（45 条协定）和开发企业公司在分期销售前获得市街村镇的政府许可（54 协定）这两个种类。

绿地协定从表中所列项目中筛选出相关的部分。

2）绿化地区制度的相关事宜

在城市规划区域内指定的各个不同用途区域中，针对形成良好城市环境所必须的绿地不足问题、建筑物用地范围内需要推行绿化区域问题都可以在城市规划范围内通过指定绿化地区制度（法第 34 条）解决。绿化地区制度制定了绿化率的最低标准（实施条令第 9 条）。作为义务性实施的对象有用地面积原则在 1000m^2 以上的新筑或增建建筑（特殊情况下，根据条令用地面积不超过 300m^2 可降低条件）。绿化率是指建筑物的绿化设施(指植物、花坛及其他绿化设施、用地内受保护的树木、辅助设置的园路、护坡等设施）的面积比上用地面积的百分比。

5 民事法规与邻接用地之间的相关规定

与用地相邻地块的关系，可以通过民事法规制定邻接用地关系规定。

1）邻接用地使用权（法第 209 条）

在相邻边界红线附近砌墙或进行修缮施工时，可以向邻接用地申请一定范围的施工用地。但是施工结束后应恢复原状，如果因为施工给邻居造成损害应有损害赔偿责任。例如，砌筑混凝土砌块墙时需要做基础工程。如果混凝土砌块墙的外侧与邻接用地的边界红线对齐砌筑的话，则为了完成基础部分的制模工程，需要向邻接用地扩挖出 20cm 左右的土壤。在民事法规中规定，当在用地边界处砌筑挡墙时，可以向邻接用地申请一定的施工使用范围，这个“使用范围”包含短期内临时挖掘相邻用地，这可以理解成墙体施工过程中允许临时挖掘邻接用地的意思。

2）设置围挡权（法第 225、226、227 条）

所有权不同的 2 栋建筑之间如果有空地时，各自所有者可以联合其他所有者利用共同管理的方式对此边界进行围合（民事法规第 225 条第 1 项）。

围合以及维护管理所发生的费用由两家平均分摊（法第 226 条）。

相邻的一方允许使用比竹篱笆高级的材料、或者设置高度超过 2m 的较高围挡设施，但是由此发生的附加费用必须自己承担（法第 227 条）。

3）建筑与邻接用地的边界

建造建筑物时，距离边界线必须保证红线退后 50cm 以上（法第 234 条第 1 项）。如果在距离边界 1m 以内，假设能看到相邻住宅的窗户或檐廊，则必须加设遮挡设施（法第 235 条第 1 项）。但是，第一类、第二类低层住宅专用地区，建筑规范中规定了建筑外墙必须从边界红线退后 1~1.5m，则以此规定优先。

4）邻接地的竹子树木探出来的应对措施（民事法规第 233 条）

邻接地的竹子或树木的枝条越过边界红线时，可以向竹子或树木的拥有者申请砍掉超过边界红线之外的部分。没有产权所有者的允许，不得擅自砍伐。但邻接地的竹子或树木的根茎越过边界红线则允许砍伐。

索引

编著者简历

增田史男

1944 年　德岛县鸣门市出生

佛教大学文学部史学科毕业（地域文化专业）

松下电工（现 Panasonic）入社，国际住宅产业（现 pana-home）

城市环境开发设计中心所长，E&A 设计执行董事社长

现　在　居住与街区研究所所长

一级注册建筑师、京都光华女子大学讲师

1983 年及 1989 年　获街区建设设计竞赛“特选建设大臣奖”

1995 年 6 月　获彩之国伊奈现代城设计竞赛最优秀奖等

著作《建筑文化遗产 · 日本商街设计》，图片社

《户外环境设计便携手册》，共著，建筑资料研究社

《城市环境设计工作》，共著，学艺出版社

等等

著者简历

水内真理子

玉川大学农学部育种园艺科毕业

曾就职于荒木造园设计及其他造园会社

现在任宝塚花园 APRIL 执行董事社长

一级造园施工管理技师、园艺福祉师

以住宅为主的庭院设计及监理

与户外环境相关的施工作品获得多项奖项

大原纪子

近畿大学建筑学科毕业

曾就职于建筑设计事务所及景观设计公司

在 Studio Urban Space Art 做庭院设计及监理

与水内氏共同设立宝塚花园 APRIL，直至现在

一级造园施工管理技师、园艺福祉师、二级建筑师

著作权合同登记图字：01-2012-0897号

图书在版编目(CIP)数据

户外环境绿化设计/(日)增田史男等著；金华译．—北京：中国建筑工业出版社，2013.10
ISBN 978-7-112-15763-1

Ⅰ.①户… Ⅱ.①增…②金… Ⅲ.①绿化-环境设计 Ⅳ.①TU986.2

中国版本图书馆CIP数据核字（2013）第200893号

Japanese title: Shokubutsu wo ikashita Ekusuteriadezain no Pointo
by Fumio Masuda, Mariko Mizuuchi, Noriko Ohara
edited by Fumio Masuda

Original Japanese edition published by SHOKOKUSHA Publishing Co., Ltd.,
Tokyo, Japan
本书由日本彰国社授权翻译出版

责任编辑：孙立波 刘文昕 白玉美
责任设计：陈 旭
责任校对：陈晶晶 刘 钰

户外环境绿化设计
[日]增田史男 编
[日]增田史男 水内真理子 大原纪子 著
金华 译
*
中国建筑工业出版社出版、发行(北京西郊百万庄)
各地新华书店、建筑书店经销
北京嘉泰利德公司制版
北京中科印刷有限公司印刷
*
开本：787×1092毫米 1/16 印张：12¼ 字数：300千字
2013年12月第一版 2013年12月第一次印刷
定价：48.00元
ISBN 978-7-112-15763-1
(24530)